■ 曹峥 主编 ■ 石惠文 彭 飞 李红艳 副主编

零基础看懂电工电路

识图技巧·实物接线·调试检修

 化学工业出版社

· 北京 ·

U0385261

内 容 简 介

本书通过丰富的电路图例，采用彩色图解与视频教学相结合的方式，全面展示了各种照明电路、供配电电路、电动机控制电路、PLC及变频器控制电路、机电设备控制电路的电路结构、实物接线方法与识图技巧。书中案例丰富，包含大量电工领域广泛应用的典型电路。书中对每一个电路实例都配置了视频讲解，零基础的读者也能轻松看懂各种电路图，全面提升电工技能。

本书可供电工初学者、电工电子技术人员学习使用，也可供职业院校师生参考。

图书在版编目（CIP）数据

零基础看懂电工电路：识图技巧·实物接线·调试检修 / 曹峥主编. —北京：化学工业出版社，2023.4
ISBN 978-7-122-42766-3

Ⅰ. ①零… Ⅱ. ①曹… Ⅲ. ①电工 - 基本知识
②电路 - 基本知识 Ⅳ. ① TM

中国国家版本馆 CIP 数据核字（2023）第 022653 号

责任编辑：刘丽宏　　　　　　　　　　　　文字编辑：宫丹丹　陈小滔
责任校对：李露洁　　　　　　　　　　　　装帧设计：刘丽华

出版发行：化学工业出版社（北京市东城区青年湖南街13号　邮政编码100011）
印　　装：北京缤索印刷有限公司
787mm×1092mm　1/16　印张10½　字数245千字
2025年2月北京第1版第1次印刷

购书咨询：010-64518888　　　　　　　　　　售后服务：010-64518899
网　　址：http://www.cip.com.cn
凡购买本书，如有缺损质量问题，本社销售中心负责调换。

定　　价：69.80元　　　　　　　　　　　　版权所有　违者必究

前言

电路图是电工的语言，电工只有能看懂电路图，才能正确地进行电工作业、准确地查找电气故障。因此，快速掌握电路图识读、接线布线技巧以及各项基础维修技能，才可能成为一名优秀的电工。

本书针对电工初学者和电工电子技术人员的学习需要，从实用的角度出发，以图例形式，精选电工实际工作常用到的各类型电路与接线方法，纸质图书简明扼要展示电路图例、接线与安装注意事项，视频教学手把手展示操作细节，详细说明电路常用接线方法，照明线路、电动机控制线路、变频器与 PLC 控制电路、工业与民用常见控制电路的识图技巧、安装接线与调试检修要领，帮助读者轻松看懂各类型电路图，全面、快速掌握各类型控制电器的电路接线、故障维修技能。

全书内容具有如下特点：

● **彩色图解＋视频教学，零基础学习**：电工实物接线，清晰展示电路接线、组装的各细节；每一个电路的动作过程、识图方法都配有视频讲解；纸质图书内容与视频教学无缝对接，快速掌握电路识图要领与接线方法、调试检修技能，全面提升电工技能。

● **电路图例丰富，涵盖电路广**：涉及维修电工、家装电工、维修电工、物业电工、高低压电工等常用的各类型典型电路。

通过扫描书中二维码，读者可以直观地学习电路原理、电子元器件检测、线路装接、控制线路故障检修等各项要领。

本书由曹峥主编，石惠文、彭飞、李红艳任副主编，参加本书编写的还有王建雄、张校珩、曹振华、张振文、赵书芬、张胤涵、孔凡桂、张书敏、焦凤敏、路朝等，全书由张伯虎统稿。

由于水平所限，书中不足之处难免，恩请广大读者批评指正（欢迎关注公众号一起交流）。

编　者

欢迎关注专业公众号　电工同行交流群
获取更多学习资源

目录

绪论　认识常用电工器件

第一章　图解电工基本接线

第二章　家庭用电与装修用电接线

第三章　电路计量仪表接线

第四章 电动机启动电路接线

第五章 电动机正反转电路接线

第六章 电动机制动和保护电路接线

第七章 变频器接线

第八章　晶闸管控制软启动（软启动器）控制电路

第九章　单相电机运行电路接线

第十章　PLC 控制三相异步电动机电路接线

第十一章　设备接线

二维码视频讲解目录

认识常用电工器件

刀开关

旋转开关

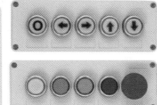

按钮开关

急停开关

AD16系列指示灯

AD16系列蜂鸣器

指示灯

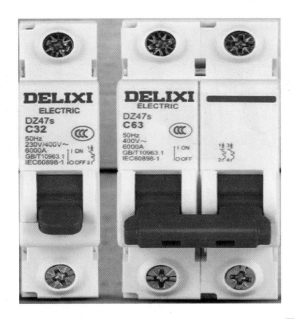

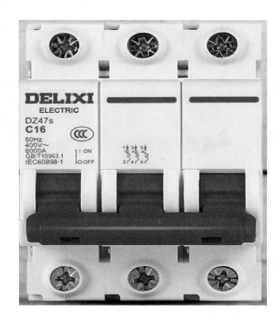

空开

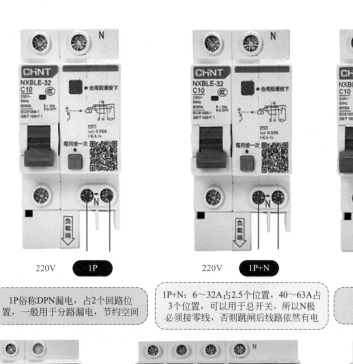
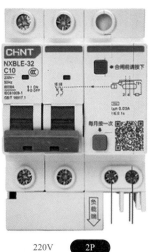

220V **1P**

220V **1P+N**

220V **2P**

1P俗称DPN漏电，占2个回路位置，一般用于分路漏电，节约空间

1P+N：6～32A占2.5个位置，40～63A占3个位置，可以用于总开关。所以N极必须接零线，否则跳闸后线路依然有电

2P：一火一零220V，遵循左火右零接线原则

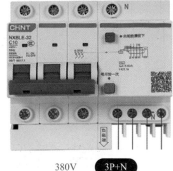
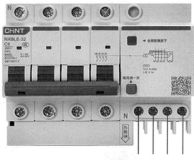

380V **3P**

380V **3P+N**

380V **4P**

3P：三火线380V三相三线开关，一般用于分路漏电，节约空间

3P+N：三火一零380V三相四线开关，零线直通不断开，N极必须接零线

4P：三火一零380V三相四线开关，零线可以断开

断路器

3

接触器

01常闭触点(NC)/10常开触点(NO)

  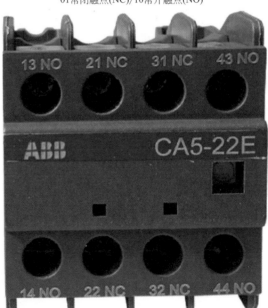

接触器辅助触点

中间继电器

时间继电器

行程开关

传感器与接近开关

第一章

图解电工基本接线

一、单根硬铜线对接方法

电工最常用的两根硬铜线对接方法如图 1-1 所示。

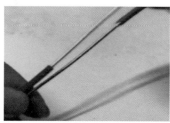
1. 剥掉硬铜线绝缘部分

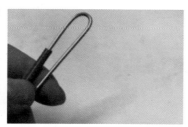
2. 把其中一根回路线折弯

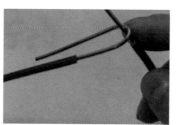
3. 把其中一根回路线穿到另一根

4. 用电工钳把折弯线压实缠绕

5. 注意缠绕时要紧密压实

6. 剪去多余线头，接线完毕

图 1-1　电工最常用的两根硬铜线对接方法

二、单股铜导线的直接连接

小截面单股铜导线的直接连接方法如图 1-2 所示，先将两股导线的铜芯线头做 X 形交叉，再将它们相互缠绕 2 ～ 3 圈后扳直两线头，然后将每个线头在另一线芯上紧贴密绕 5 ～ 8 圈后剪去多余线头即可。

1. 将两股导线的铜芯做X形交叉

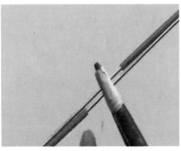
2. 用尖嘴钳夹住铜芯中间部分

3. 将两股导线相互缠绕

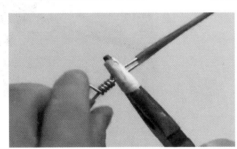
4. 将其中一股线芯紧密缠绕5～8圈

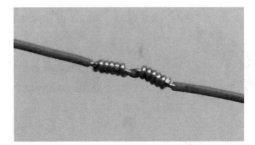
5. 将每股导线在另一股上紧密缠绕后剪去多余线头即可

图1-2　单股铜导线的直接连接

三、面板插座三根导线并线接法

插座三根导线并在一起因为线径太粗无法接入到插座接口中，在这时我们就需要对三根导线进行并接。其方法是首先把三根导线外皮绝缘剥好，把三根导线并在一起后用其中一根围绕中间两根缠绕，缠绕 5 ～ 8 圈后把其中一根导线对折，其长度到达绝缘部分边缘，剪掉导线多余的部分后再把剩余一根导线接到插座接线口上即可。如图1-3所示。

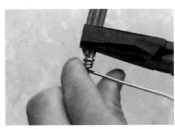

1. 首先把三根导线绝缘部分剥除　　2. 把三根导线并在一起　　3. 用其中一根导线缠绕另外两根

4. 缠绕必须紧密，要求5～8圈　　5. 用电工钳剪去多余部分　　6. 将另一根导线与插座面板接线口连接即可

图1-3　面板插座三根导线并线接法

四、三根软线并线方法

先把三根软线打开成伞状，然后相互交叉到一起增加接触面积，把三根软线按顺时针方向铰接到一起，铰接后对折压扁，按顺时针方向再次拧紧，挂锡后用绝缘胶带包好即可。如图1-4所示。

五、二根软线的支路和干路T形接线方法

日常生活中需要把支路软线连接到干路软线，这时候我们就可以采用T形接线方法。

将支路线芯分为两组，支路线芯的一组插入干路线芯当中，另一组放在干路线芯外面，并朝右边方向缠绕5～8圈。再将插入干路线芯当中的左侧支线线芯朝左边方向缠绕5～8圈，连接好的导线如图1-5所示，然后用绝缘胶带包好。

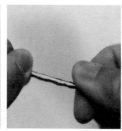

1. 三根软线打开成伞状　　2. 三根软线相互交叉　　3. 三根软线按顺时针方向铰接　　4. 三根软线铰接后对折压扁、挂锡即可

图1-4　三根软线并线方法

1. 把干路和支路电源线绝缘剥掉　2. 将支路线芯分为两组，一组插入干路线芯中　3. 支路外面一路向右缠绕5～8圈

4. 支路里面一路向左缠绕5～8圈　　　　　　　5. 去除多余毛刺即成为T形连接

图1-5　二根软线的支路和干路 T 形接线方法

六、两芯护套线错位对接方法

两芯护套线在电工接线中要错位对接，这样才能更安全。首先剥掉护套线外护套，取两根不一样颜色线芯，剪掉一部分，然后两根不同颜色的线芯错开，相同颜色导线再对接就是接线中的错位对接。如图 1-6 所示。

1. 首先剥掉护套线外护套

2. 选取两根线中不同颜色线芯，剪掉一部分

3. 剪掉后护套线线芯错开

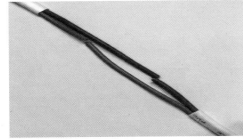

4. 将相同颜色线芯对接

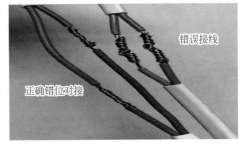

错误接线

正确错位对接

5. 两芯护套线错位对接

图 1-6　两芯护套线错位对接方法

七、BVR 软线对扣接线方法

BVR 软线对扣接线方法是先做好套扣，相互套好后拉紧线头，然后左边和右边线头折到相反方向后，把左边线头向右缠绕，右边线头向左缠绕，这样缠绕软线接触面积大，通过电流会更大，同时软线会有更好的导电性能和更强的抗拉力。如图 1-7 所示。

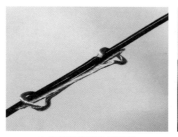

1. 把两根软线做好套扣　　　　2. 将套扣拉紧　　　　3. 把左边线头向右缠绕

4. 把右边线头向左缠绕　　　　5. 软线对扣接线完毕

图1-7　BVR软线对扣接线方法

八、软铜线和单芯硬铜线接线

软铜线和单芯硬铜线接线方法是：首先把软铜线分成三股，把每一股拧紧，用右手把软铜线和硬铜线水平方向并在一起，然后选取其中一股软铜线紧密缠绕到硬铜线上，缠完后依次把第二股和第三股紧密缠绕到硬铜线线芯上。这样缠绕好后软铜线和硬铜线接触面积增大，导线不容易拉开，同时增加了导线间强度。如图1-8所示。

九、两根软线360°旋转对接接线

两根软线对接接线时，我们首先把两根软线交叉，然后用右手把两根软线捏在一起，左手把两根线芯旋转360°拧紧，把左边线芯向左边缠绕到绝缘处，右边线芯向右边缠绕到绝缘处，去掉线头处毛刺，缠绕好后用绝缘胶带包好。这种接法相当于在线中间部分打了一个接扣，不仅增大线的使用强度，还增大了线的接触面积。如图1-9所示。

1. 把软铜线分成三股分别拧紧

2. 将软铜线和硬铜线水平方向并在一起，从第一股开始缠绕

3. 依次缠绕第二股和第三股软铜线

4. 软铜线和硬铜线接线完毕，去掉软铜线的毛刺

图1-8　软铜线和单芯硬铜线接线

1. 将两根软铜线交叉

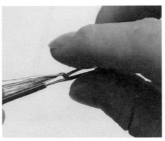
2. 把两根铜线芯360°交叉拧紧

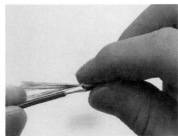
3. 将左边铜线芯向左边缠绕

4. 将右边铜线芯向右边缠绕

5. 两根软铜线360°旋转对接接线完成

图1-9　两根软线360°旋转对接接线

十、小电流电路铜线和铝线简便连接

铜线和铝线不能进行连接。假如两者被连接在一起，并长期保持通电状态，连接位置就会出现氧化反应，铝线的导电性就会被降低。当铜线和铝线上通过的电流一样大的时候，铝线所散发的热量就会变大，并且会比铜线大很多，时间长了以后，铜线和铝线的连接位置就容易出现故障，甚至发生火灾。但当我们找不到铜铝接线端子时，我们可以采用镀锌螺栓固定方法解决上述问题。

首先我们把铜线和铝线做成圆形电工环，把镀锌螺栓穿到铝线电工环中，然后在铝线和铜线电工环之间增加一个镀锌平垫，起到隔离铜铝接触作用，避免铜铝氧化。再穿上铜线电工环，安装螺母。最后我们把铜线电工环和镀锌螺母拧紧即可。如图1-10所示。

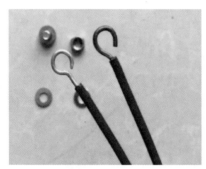
1. 准备好镀锌平垫和螺栓，铜线和铝线做圆形电工环

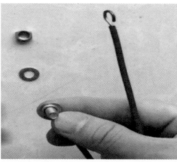
2. 把镀锌螺栓穿到铝线电工环中

3. 铝线和铜线电工环之间加一个镀锌平垫

4. 穿上铜线电工环拧紧螺母

5. 小电流电路铜线和铝线连接完成

图1-10　小电流电路铜线和铝线简便连接

十一、多股软铜线对接

把多股软铜线绝缘剥掉，平均分成六等份，并把每一份拧在一起成伞状，对插在一起。用手压紧中间部分，任选其中一股顺时针紧密缠绕，缠绕好一端再缠绕另外一端。要求缠绕紧密、整齐、没有毛刺，从而增大导线连接接触面积。如图 1-11 所示。

1. 多股软铜线伞状对插　　2. 压紧对插多股铜线中间部分　　3. 任选其中一股顺时针紧密缠绕

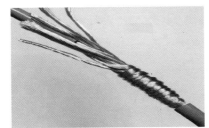  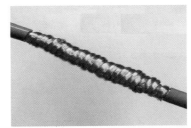

4. 用每一股铜线压紧，紧密缠绕　　　　5. 要求缠绕紧密、没有毛刺

图 1-11　多股软铜线对接

十二、单股铝线接法

单股铝线接法：首先剥掉铝线绝缘部分并把绝缘部分线芯对齐，长度宜选择线径缠绕 4～8 圈距离，用尖嘴钳夹住线芯中间部分，取其中一根对另外一根进行紧密缠绕，另一端也采用相同方法直至两端缠绕完毕即可。这种接线方法适用于小电流通过的铝线

接线，在接线中缠绕 5 圈以上即可满足需要。如图 1-12 所示。

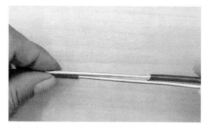
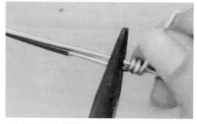
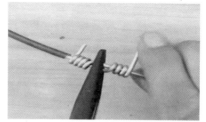

1. 将两根铝线对齐 　2. 用电工尖嘴钳夹住线芯中间部分并缠绕 　3. 将铝线芯紧密缠绕 　4. 适合小电流通过的铝线接线

图 1-12 单股铝线接法

十三、10mm² 多芯铝线接线

多芯铝线直线连接时，把多股铝线线芯顺次解开，并剪去中心一股，再将张开成伞状的线端相互插嵌，插到每股线的中心完全接触。把张开的各线端合拢，取任意两股同时缠绕 5 ~ 6 圈后，另换两股缠绕，把原有两股余线剪掉，再缠绕 5 ~ 6 圈后，采用同样方法，调换两股缠绕。以此类推，依次缠绕到线一端即可。在缠绕中要求其缠绕紧密并用钳子敲平，使其各线芯紧密接触。如图 1-13 所示。

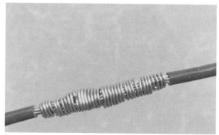

1. 将铝线伞状打开相互插嵌 　2. 把打开的铝线各线端合拢 　3. 取任意两股同时缠绕5~6圈 　4. 换剩下的两股缠绕到线一端为止 　5. 将剩余的线剪掉，用钳子把线敲平即可

图 1-13 10mm² 多芯铝线接线

十四、挂锡操作

电工接线过程中的挂锡操作主要步骤：首先是把铜线芯并线紧密缠绕 5 ～ 8 圈，其次是用焊锡膏涂抹线头部分，最后是把需要挂锡的铜线芯插入到融化好的焊锡锅里 10s 左右。注意绝缘部分不要插入到焊锡锅里面，以免破坏绝缘。如图 1-14 所示。

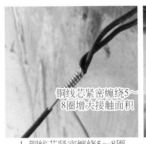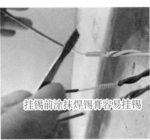

1. 铜线芯紧密缠绕5～8圈　　2. 在铜线芯上涂抹焊锡膏　　3. 加热焊锡到融化，将铜线芯插入　　4. 抽出铜线芯等待冷却，挂锡完毕

图 1-14　挂锡操作

十五、多芯硬铜线的 T 形接线

多芯硬铜线的 T 形接线方法是把其中一根导线分成两份并把其中一份插入到另一根中间，把右侧部分向下紧密缠绕，左侧部分向上紧密缠绕，把两端缠绕完即可。如图 1-15 所示。

1. 把其中一根导线分成两份，穿入另一根，到根部为止　　2. 右侧铜线芯向下紧密缠绕　　3. 把左侧部分铜线芯向上紧密缠绕　　4. 把导线两端紧密缠绕完，剪去多余部分即可

图 1-15　多芯硬铜线的 T 形接线

十六、导线液压压线钳的接线方法

使用压接法连接导线，需要配置压线钳、套管、线鼻子等专用零件。将需要连接的导线两头去掉绝缘部分，分别穿入套管，使用压线钳压紧即可。如图 1-16 所示。

1. 根据导线截面积选择压模和铜套管、线鼻子

2. 剥掉连接处导线绝缘层

3. 将铜线芯插入铜套管内

4. 从端子口10mm处开始压紧

①根据导线截面选择压模和铜套管、线鼻子；

②剥掉连接处的导线绝缘护套，剥除长度应为铜套管长度一半加上5～10mm，然后用钢丝刷刷去铜线芯表面的氧化层；

③用清洁的钢丝刷蘸一些凡士林锌粉膏(有毒，切勿与皮肤接触)均匀地涂抹在线芯上，以防氧化层重生；

④用圆条形钢丝刷清除铜套管内壁的氧化层及污垢，最好也在铜套管内壁涂上凡士林锌粉膏；

⑤把铜线芯插入铜套管内，切记要插到底并使铜线芯处在铜套管的正中；

⑥根据铜套管的粗细选择适当的压模装在压线钳上，拧紧定位螺钉后，把套有铜套管的线芯嵌入压模；

⑦对准铜套管，用力捏夹钳柄进行压接。压接普通线端子，从端子口10mm处开始压紧，松开后再移动10mm，再压紧一次即可。对于边宽8mm液压压线钳，从端子口8mm处开始压紧，松开后再移动8mm，再压紧一次，松开后再移动8mm，再压紧一次，合计三次；

⑧擦去残余的油膏，在铜套管上端套入热缩管，用酒精灯火焰使热缩管收缩即可。

5.移动10mm再压紧一次

6. 根据负荷至少压接两次

7.铜套管、线鼻子套入热缩管

8. 用酒精灯火焰使热缩管收缩

图 1-16 导线液压压线钳的接线方法

第二章

家庭用电与装修用电接线

一、五孔插座接线

① 选择插座大小。一般选用的是 10A 插座，如果是空调，应选用 16A 大电流插座。先用试电笔找出火线（一般是红色线）。

② 断开插座电源断路器。

③ 五孔插座的背面有三个接线端子，分别标记着 L、N、E（PE 或者画的接地符号），其中标记着 L 的是火线，标记着 N 的是零线，标记着 E（PE 或者画着接地符号）的是地线。接线时把火线（黄色或者绿色或者红色）接到五孔插座的 L 接线端子上，把零线（蓝色）接到 N 接线端子上，把黄绿双间的那根线接到地线接线端子上。接线时要注意以下问题：剥线时不要剥得过长，以免外露的铜线过多，不安全；把电线插进接线端子时要插到底；最后要把接线端子的螺钉拧紧，禁止出现线头松动的情况。如图 2-1 所示。

 注意

> 零线、地线不能接错（一般面对插座，左零右火上接地），否则插上用电设备，一开开关就会跳闸。

二、单开单控面板开关控制一盏灯接线

一个开关控制一盏灯，只要将电源、开关、电灯串联在一起就可以了。这样连接的灯只能被一个开关控制。电源接线的要求是电源火线接在开关的 L 端上，开关的 L1 与控制灯的控制线连接；灯另一端与电源零线连接。开关要接在火线上，这样才能保证使用过程中的安全性。如图 2-2 所示。

三、二开单控面板开关控制两盏灯接线

二开单控面板开关控制两盏灯接线是把火线分别接面板开关的 L 端，开关的 L1 端和另外一个开关的 L1 端接的灯负载线（负载线为连接开关和灯之间的线）火线端。灯零线端接电源零线。平时维修时如灯不亮把两个 L1 位置对调一下就可以判断哪一个开关坏了。如图 2-3 所示。

火线一般采用红色、黄色、绿色的电线

零线一般采用
蓝色的电线　　地线一般采用
黄绿相间的电线

火线　　地线　　零线

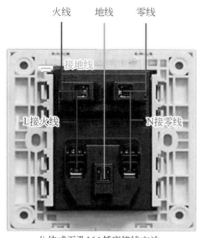

接地线

L接火线　　　　N接零线

分体式五孔16A插座接线方法

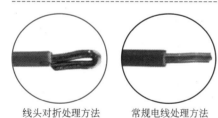

线头对折处理方法
(平放在接线柱内，导电面积更大)　　常规电线处理方法

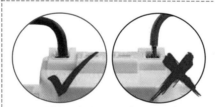

剥皮部分尽量避免裸露在接线柱外

(a)

16A大功率五孔插座适用于大功率家电

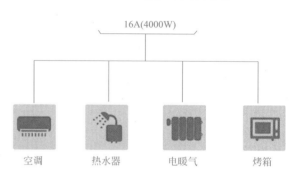

16A(4000W)

空调　　　热水器　　　电暖气　　　烤箱

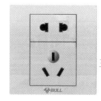

16A大功率(4000W)

三孔为16A专用插座，比平时用的10A插座
大一些，10A的插头可能插不进去

(b)

图2-1　五孔插座接线

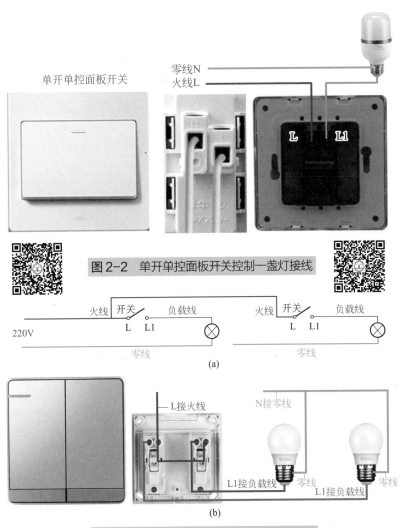

图2-2　单开单控面板开关控制一盏灯接线

图2-3　二开单控面板开关控制两盏灯接线

四、单开双控面板开关控制一盏灯接线

单开双控面板开关指的是两个不同地方控制一个灯，开关上会有 L、L1、L2 三个接线孔。接线时火线是直接进开关接 L 孔，零线直接接灯，双联接线我们分别接在两个开关 L1、L2 孔上，控制线一头接在另外一个开关的 L 孔上并且连接到灯的火线接头端。如图2-4 所示。

有的双控面板开关标注有 COM 口，是用来短路火线和零线的，也就是说把两个开关的两个 COM 口分别接到火线和零线上（相当于 L 端口）。

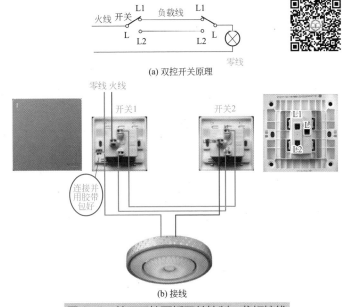

图2-4　单开双控面板开关控制一盏灯接线

五、两开双控面板开关从两地控制两盏灯接线

两开双控接线方法：零线直接进灯零线端，火线进其中一只双控开关 L10 和 L20 接线端，L21-L21、L22-L22、L11-L11 和 L12-L12，并联起来，另一只双控开关 L10 和 L20 作为控制线接到灯开关火线控制端。这样我们就可以在两个地方控制两盏灯。如图 2-5 所示。

需要注意的是无论几控灯开关都是控制火线。为什么开关控制火线？原因是当我们换灯泡，或者维修的时候，关上开关，灯上只有一根零线，这样就可以保证我们的人身安全。

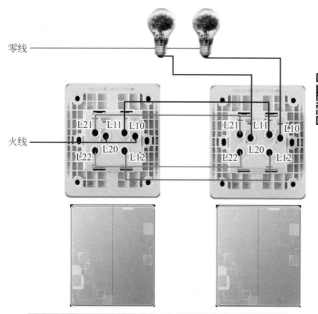

图 2-5 两开双控面板开关从两地控制两盏灯接线

六、面板开关、插座的安装基本要求

① 开关的安装高度为距地面 1.4m，距门口 0.2m 处为宜；

② 插座的安装高度视使用环境不同而定，客厅为距地面 30cm，厨房 / 卫生间为距地面 1.4m，空调插座为距地面 1.8m，电源线及插座间距不应大于 50cm；

③ 安装电源插座时，面向插座的左侧接零线（N），右侧应接火线（L），中间上方应接保护地线（PE）；

④ 家用电源插座，建议使用带保护门的产品，保护家人特别是儿童的生命安全；

⑤ 卫生间、开敞式阳台内安装的开关或插座应该加装相应的防水盒；

⑥ 控制卫生间灯具的开关最好安装在卫生间门外，避免水蒸气进入开关，影响开关寿命或导致事故；

⑦ 安装于卧室床边的插座，要避免床头柜或床板遮挡。

面板开关、插座的安装基本要求如图 2-6 所示。

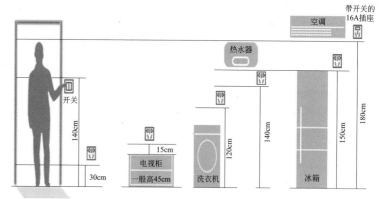

图 2-6 面板开关、插座的安装基本要求

七、五孔插座安装步骤

① 安装插座前首先要对开关插座底盒清洁。

一般开关插座的安装都是在墙壁粉刷之后进行，而久置的暗盒会堆积大量灰尘，边角也需要清理。这样在安装时先对开关插座底盒进行清洁，特别是将盒内的灰尘杂质清理干净，同时用湿布将盒内残存灰尘擦除。

② 对电源线进行处理。

处理电源线时暗盒内甩出的导线要留出合适长度，然后用剥线钳剥除绝缘层露出线芯，长度大约 2～11mm，注意不要碰伤线芯。将导线按顺时针方向盘绕在开关或插座对应的接线柱上，然后旋紧压头螺栓，要求线芯不得外露。

③ 插座电源线接线方法。

火线接入开关插座 3 个孔中的 L 孔内接牢，零线接入插座 3 个孔中的 N 孔内接牢，地线接入插座 3 个孔中的 PE 孔内接牢。注意零线与地线一定不能接错，如果接错在使用电器时会出现跳闸现象。

④ 开关插座固定安装。

先将暗盒内甩出的导线压入暗盒中，再把安装盒固定架用螺钉固定在暗盒盒子上。固定好后将盖板和面板（装饰板）扣回原处即可。

五孔插座安装步骤如图 2-7 所示。

1. 清洁插座底盒

2. 处理电源线绝缘部分

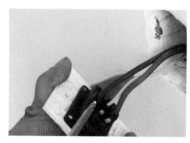
3. 对插座接线

4. 将拉出的电源线压入暗盒

5. 将开关插座固定安装即可

图 2-7　五孔插座安装步骤

八、三地同时控制一盏灯接线

三个位置控制一盏灯，需要两只双控开关加一只多控面板开关。其工作原理就是在双控开关的基础上，把两个双控开关的连接线中间再加上一个双刀双掷开关即双控面板开关即可。如图 2-8 所示。

九、四个面板开关控制一盏灯接线

四个位置控制一盏灯，需要两只双控开关加两只多控面板开关。如图 2-9 所示。

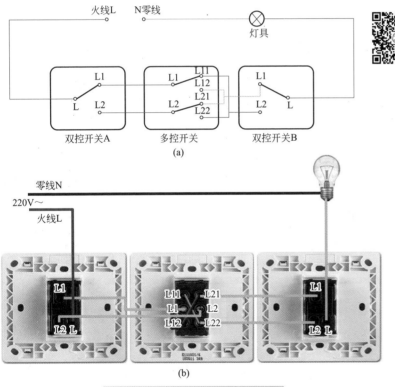

图 2-8　三地同时控制一盏灯接线

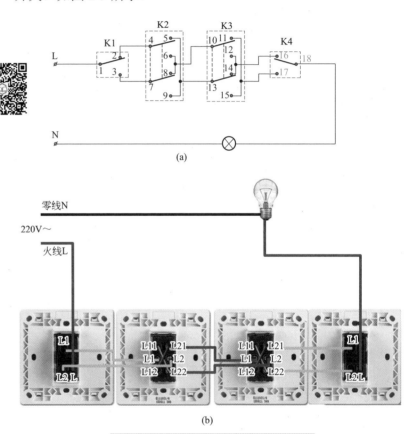

图 2-9　四个面板开关控制一盏灯接线

十、楼道暗装 86 型二线制声光控延时开关接线

楼道暗装 86 型二线制声光控延时开关接线时我们把一个标有"火线进"的端口接 220V 电源火线端，一个标有"火线出"的端口接灯泡火线端口，零线接到灯泡零线端。如图 2-10 所示。

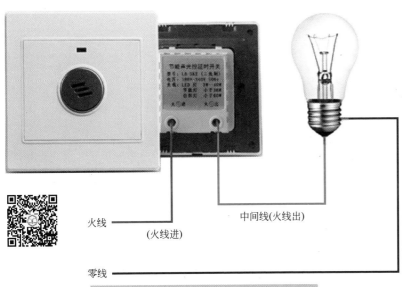

火线
(火线进)
中间线(火线出)
零线

图 2-10　86 型二线制声光控延时开关接线

十一、楼道暗装 86 型三线制声光控延时开关接线

楼道暗装 86 型三线制声光控延时开关，可以兼容多种光源，但要求有零线且必须连接零线，否则对于 LED 灯不能使用，而 86 型二线制声光控延时开关，一般只适用于白炽灯或小功率（不超过 20W）的节能灯。86 型三线制声光控延时开关接线如图 2-11 所示。

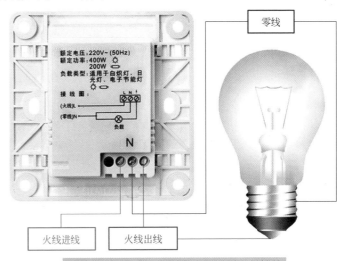

零线
火线进线
火线出线

图 2-11　86 型三线制声光控延时开关接线

十二、高层建筑楼道 86 型四线制声光控带消防应急强制启延时开关接线

消防应急强制启动是指在发生险情时，开启消防按钮（消防应急强制启动线通电），启动消防照明，让灯具常亮，帮助人员紧急疏散。楼道 86 型四线制声光控面板开关接线如图 2-12 所示。

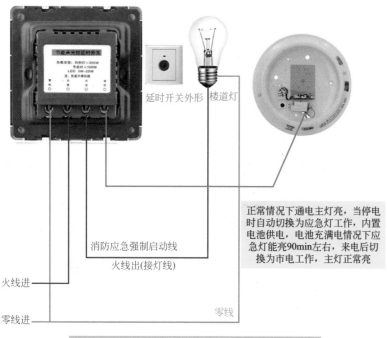

延时开关外形 楼道灯

正常情况下通电主灯亮，当停电时自动切换为应急灯工作，内置电池供电，电池充满电情况下应急灯能亮90min左右，来电后切换为市电工作，主灯正常亮

消防应急强制启动线
火线出(接灯线)

火线进

零线进

零线

图 2-12 楼道 86 型四线制声光控面板开关接线

十三、三线制人体感应开关控制室内照明灯接线

导线接入三线制人体感应开关端子时我们要用合适的螺丝刀拧紧。端子外面的导线不可以裸露金属，以防短路。导线对应人体感应开关接线，接线端子标识 N 接零线，L 接火线，A（L1）接负载。N 零线和 L 火线应先接入人体感应开关，再从人体感应开关 N 和 A（L1）端将导线接入负载。注意接线前必须断开电源。如图 2-13 所示。

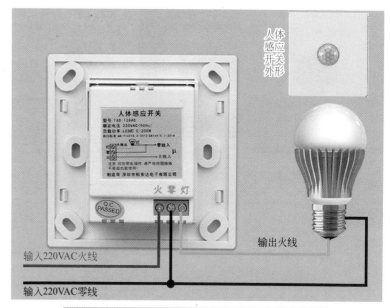

人体感应开关外形

输出火线

输入220VAC火线

输入220VAC零线

图 2-13 三线制人体感应开关控制室内照明灯接线

十四、二线制人体感应开关控制一盏灯接线

二线制人体感应开关的接线原则是火线进或是标志"火"字样接线端接 220V 电源端，火线出或是标志"灯"字样接线端接灯的芯线中心端，电源 220V 零线端接灯的零线端。如图 2-14 所示。

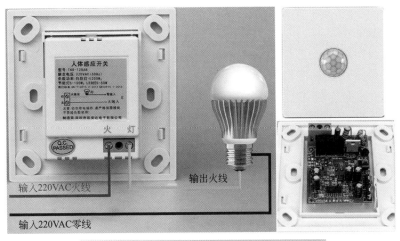

图 2-14　二线制人体感应开关控制一盏灯接线

十五、遥控电铃电路接线

遥控电铃是在电铃和遥控器之间配合使用的。电铃在接收到遥控器发出的无线遥控编码信号时，会发出震耳的铃声。适用于学校上下课打铃、企事业单位上下班打铃、工程施工远程提醒呼叫和农村老人养老院中求救呼叫，应用非常广泛。

遥控电铃的优点和工作原理是：电铃和遥控器之间采用无

线编码信号传输连接，不需要施工布线，不破坏现有墙体的美观，可降低安装成本，还可以根据使用需要随时移动无线电站的位置，安装快捷方便。其外形、内部结构和电路接线如图 2-15 所示。

(a) 外形和内部结构

(b) 电路接线

图 2-15　遥控电铃外形、内部结构和电路接线

遥控电铃在使用中，按压遥控器控制响铃，建议响应时间不超过一分钟。

十六、学校、工厂上下课（班）常用 微电脑打铃控制线路

KG300T 微电脑打铃控制器能根据用户设定的时间，用作工厂、学校、机关自动打铃控制。如果配置相应的语音电路，还可以作为家庭、机关里日程安排的语音提示，实现自动、及时、准确的警示作用。

KG300T 微电脑打铃控制器作为打铃控制器的特点是可直接控制电铃；每天可设 20 级打铃；打铃时间可按天或周循环；具有手动打铃功能。

1. 定时打铃设置

（1）调时钟：按住"时钟"键不动的同时再依次按"校星期"键、"校时"键、"校分"键，分别将以上时间参数按标准进行调整即可。

（2）打铃时间参数设置

① 打铃时间设置：按动"定时"键，液晶显示屏则显示"1开"（第一组打铃设置提示），可按所需时间参数分别按动"校时""校分"键进行设置，如时间参数设置完毕后，再对所需星期参数进行设置。

② 星期参数设置：如需打铃器一星期七日均工作，按动"校星期"键"一二三四五六日"，其他依次类推。

如需重新设置可按动"取消恢复"键使所设的开启时间显示为空。

（3）打铃延迟时间、间隔时间设置

① 待"1开""2开"……"20开"设置完毕后，再继续按动"定时"键则显示屏出现"H10"，此时可按动"校分"键可调整打铃延迟时间（1～99s内可调），如不进行调校则默认为10s。

② 待打铃延迟时间设置完毕后，再继续按动"定时"键，则显示屏出现"45"，此时可按动"校分"键调整打铃间隔时间（1～99min内可调），如不调整则默认打铃间隔时间为 45min。

待上述设置完毕后，按下"时钟"键即进入设定的工作状态。

（4）在设置上述参数时，如在 30s 内未按动任何键，液晶显示屏恢复标准时间，如继续设置打铃时间参数，则可重新按动"定时"键进行调整，直至调整到所需参数位置。

2. 工作状态显示

打铃器接入工作电源后，工作状态红色发光指示灯亮；如打铃器处于工作状态时，绿色发光指示灯亮。

3. 手动打铃控制

如需手动临时打铃，可按动"手动"按键，使液晶显示屏三角提示符从"自动"调至"开"位置，此时工作状态绿色发光指示灯亮，表示打铃器已处于工作状态。如需使打铃状态停止，可重新按动"手动"按键使液晶显示屏三角提示符从"开"位置调至"自动"或"关"位置即可，打铃延迟时间可手动控制（手动打铃控制时与自动控制打铃时设置的打铃延迟时间无关）。在自动控制打铃时必须将液晶显示屏三角提示符调至自动位置。

KG300T 微电脑打铃控制器电铃电路实物接线如图 2-16 所示。

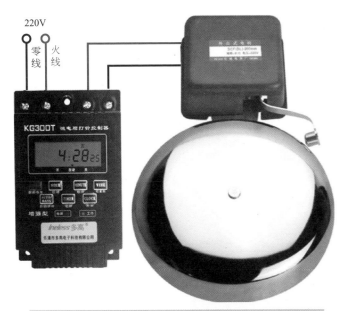

图 2-16　KG300T 微电脑打铃控制器电铃电路实物接线

十七、微电脑时控开关控制大功率路灯任意时间亮灭线路

KG316T 微电脑时控开关控制大功率路灯接线其实就是利用时控开关来控制交流接触器线圈，交流接触器主触点控制路灯。如图 2-17 所示，时控开关左边两个接线柱是进线，接 220V 电源，右边两个接线柱是输出，接交流接触器线圈（注意在交流接触器选择中我们要选择 220V 线圈电压，同时要注意交流接触器和路灯的功率）。

接线完毕，设置好开灯和关灯时间即可。到开灯时间时，时控开关输出给交流接触器线圈，交流接触器吸合，主触点闭合，路灯亮。到关灯时间后，时控开关断开，交流接触器释放，路灯灭。

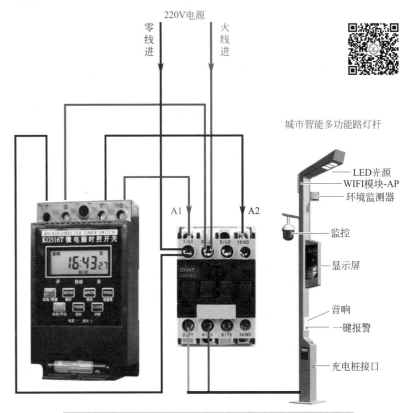

图 2-17　KG316T 微电脑时控开关控制大功率路灯接线

十八、LED 灯接线

常见 LED 灯接线方法如图 2-18 所示。

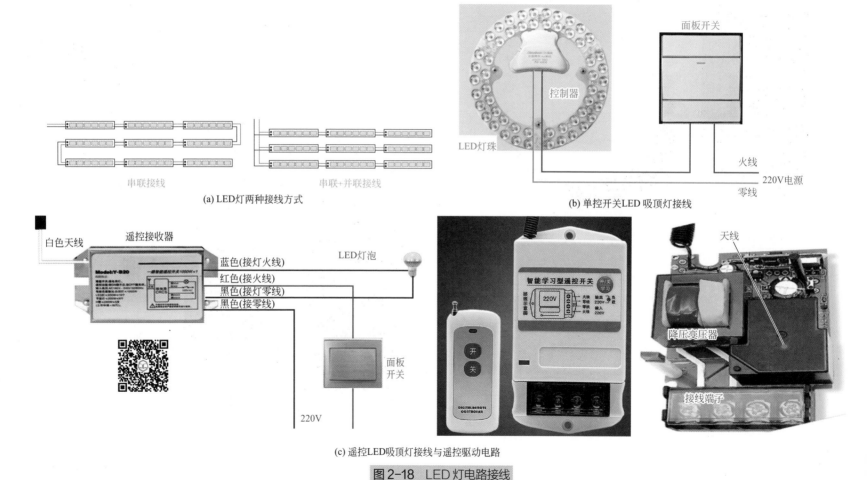

(a) LED灯两种接线方式

(b) 单控开关LED 吸顶灯接线

(c) 遥控LED吸顶灯接线与遥控驱动电路

图 2-18　LED 灯电路接线

十九、两脚插头的安装

将两根导线端部的绝缘层剥去，在导线端部附近打一个电工扣；拆开插头盖，将剥好的多股线芯拧成一股，固定在接线端子上。注意不要裸露铜丝，以免短路。盖好插头盖，拧上螺钉即可。两脚插头的安装如图 2-19 所示。

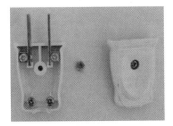

(a) 拆开插头

(b) 插头做电工扣接线

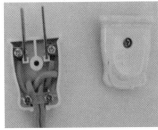

(c) 用压线板固定

(d) 插头接好

图 2-19　两脚插头的安装

二十、三脚插头的安装

三脚插头的安装与两脚插头的安装类似，不同的是导线一般选用三芯护套软线，其中一根带有黄绿双色绝缘层的芯线为

接地线，其余两根一根接零线，一根接火线，如图 2-20 所示。

(a) 外形　　　　　(b) 接线　　　　　(c) 接线完毕

图 2-20　三脚插头的安装

二十一、家庭暗装配电箱接线

暗装配电箱，即配电箱嵌入墙内安装，在砌墙时预留的孔洞应比配电箱的长和宽各大 20mm 左右，预留的深度为配电箱厚度加上洞内壁抹灰的厚度。在预埋配电箱时，箱体与墙之间填以混凝土即可把箱体固定住。在安装配电箱时注意如下事项：

① 家庭配电箱的箱体内接线汇流排应分别设立零线、保护接地线、相线，且都要完好无损，具备良好绝缘性。

② 家庭配电箱一般安装标高为 1.8m，这样便于操作，同时进配电箱的 PVC 管必须用锁紧螺母固定。

③ 断路器的安装标准导轨应光洁无阻并有足够安装断路器的空间。

④ 配电箱内的接线应规则、整齐，端子螺栓必须紧固。

⑤ 在配电箱线路安装时各回路进线必须有足够长度，不得有接头，安装后断路器要标明各回路使用名称，同时家庭配电箱安装完成后须清理配电箱内的残留物。

暗装配电箱接线如图 2-21 所示。

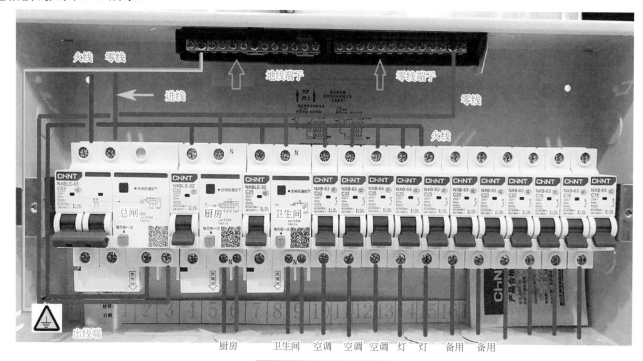

图 2-21　暗装配电箱接线

二十二、车间三级设备配电箱实物接线

车间内明装配电箱担任着合理分配电能的任务，能够很方便地对电路中设备进行开合操作。要求具有较高的安全防护等级，能直观地显示电路的导通状态。配电箱的接线非常重要，千万不能马虎，如果接错零线火线的话容易出现用电事故。配电箱内的交流、直流或不同电压等级的电源，应具有明显的标志。照明配电箱内，应分别设置零线（N 线）和保护地线（PE 线）汇流排，零线和地线应在汇流排上连接，不得绞接。配电箱实物接线如图 2-22 所示。

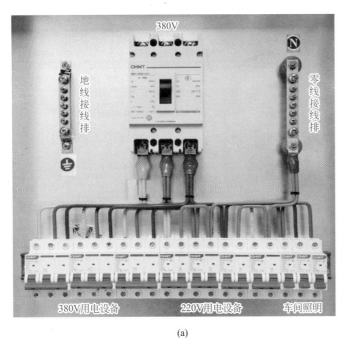

(a)

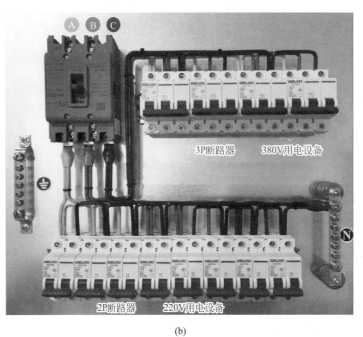

(b)

图 2-22　配电箱实物接线

第三章

电路计量仪表接线

一、指针电压表接线

电压表并联到电源上。正极接电源的正极，负极接电源的负极。如图3-1所示。

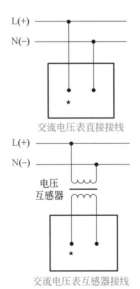

交流电压表直接接线

电压互感器

交流电压表互感器接线

图3-1 指针电压表接线

二、指针电流表接线

电流表串联到电路里。正极接电源L（正极），负极接负载，负载再接电源N（负极）。

通过互感器接入的电流表接法是：电流表接线柱接到互感器S1、S2（S1、S2需要同电源进线端P1、P2相对应）。如图3-2所示。

电流表

接线柱

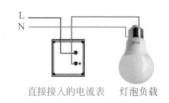

直接接入的电流表 灯泡负载

互感器线圈

通过互感器接入的电流表 灯泡负载

图3-2 指针电流表接线

三、指针式 42L6 电压表和电流表联合接线

电压表和电流表联合接线技巧是：电压表并联在被测电源两端，电流表串联在电路中（必须有负载与电流表串联，否则会烧毁电流表）。如果是指针式的电流表和电压表，量程一定要在接线前选正确，否则会打坏指针。如图 3-3 所示。

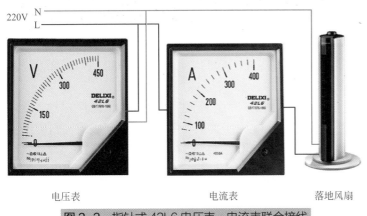

图 3-3　指针式 42L6 电压表、电流表联合接线

四、交流多功能数字表（电压表、电流表、功率表、频率表）直接接线

数字式电压表、电流表是现在流行的一种多功能电力仪表，是一种具有可编程测量、显示数字通信和电能脉冲输出、频率测量等多功能电力仪表，能够完成电量测量，电能计算，数据采集、显示及传输，频率测量等多种功能。广泛应用于变电站

自动化，配电自动化，智能建筑，企业内部的电能测量、管理、考核。YB5140DM-LCD 交流多功能数字表直接接线如图 3-4 所示。其中 AC20A 交流多功能数字表有四个接线柱：中间两个接线柱为输入端，左右两边的接线柱为输出端。

图 3-4　YB5140DM-LCD 交流多功能数字表直接接线

交流多功能数字表 MODE 按键操作：

① 每按一下，切换可变显示区的显示模式：仅显频率 Hz—仅显功率因数 PF—仅显电能 kWh—功率因数 PF、频率 Hz 循环显示—功率因数 PF、电能 kWh 循环显示—频率 Hz、电能 kWh—频率 Hz、功率因数 PF、电能 kWh—循环；

② 长按进入设置模式或确认退出。

五、交流多功能数字表（电压表、电流表、功率表、频率表）互感器接线

AC100 ～ 1000A 交流多功能数字表有两种接线柱：黑色接线柱为电压输入端，绿色接线柱接互感器。如图 3-5 所示。

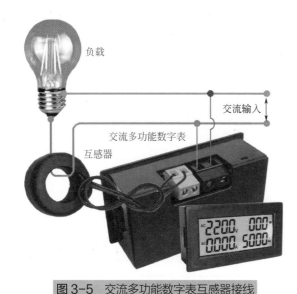

负载

交流输入

交流多功能数字表

互感器

图3-5 交流多功能数字表互感器接线

交流多功能数字表 MODE 按键操作：

(绝缘层内部)
铁芯

二次绕组
(绝缘层内部)

绝缘

一次绕组

(导线起一次绕组作用)

二次接线端
接负荷端

① 每按一下，切换可变显示区的显示模式：仅显频率 Hz—仅显功率因数 PF—仅显电能 kWh—功率因数 PF、频率 Hz 循环显示—功率因数 PF、电能 kWh 循环显示—频率 Hz、电能 kWh—频率 Hz、功率因数 PF、电能 kWh—循环；

② 长按进入设置模式或确认退出。

六、电流互感器的结构与工作原理

穿心式电流互感器本身结构不设一次绕组，载流导线由 P1 至 P2 穿过由硅钢片卷制成的圆形（或其他形状）铁芯起一次绕组作用。二次绕组直接均匀地缠绕在圆形铁芯上，与电流表、继电器等电流线圈的二次负荷串联形成闭合回路，由于穿心式电流互感器不设一次绕组，其变比根据一次绕组穿过互感器铁芯中的匝数确定，穿心匝数越多，变比越小；反之，穿心匝数越少，变比越大。如图 3-6 所示。

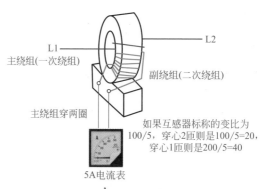

L1

L2

主绕组(一次绕组)

副绕组(二次绕组)

主绕组穿两圈

如果互感器标称的变比为 100/5，穿心2匝则是100/5=20，穿心1匝则是200/5=40

5A电流表

图3-6 穿心式电流互感器的工作原理

电流互感器一次侧也标有 P1、P2 字样，一次侧从 P1 流入电流互感器的一次侧电流与二次侧电流互感器 S1 端子流出的电流相位是一致的。当我们接有方向性的仪表如电能表、功率表等时，一定要注意接线的极性。一次侧电流从 P1 到 P2，二次侧电流从 S1 到 S2。在实际电流表接线时，极性反正都不影响电流表的指示。

穿心式电流互感器一匝、二匝、三匝接线如图 3-7 所示。

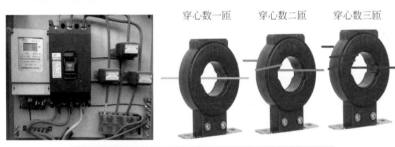

图 3-7　穿心式电流互感器一匝、二匝、三匝接线

七、常用配电柜的电流互感器与电流表和电压表联合实物接线

电流互感器在电力系统中使用广泛，作用是将一次侧的高电压或大电流转换成低电压和小电流，电流互感器二次侧电流为 5A 或 1A，其中 5A 电流互感器使用的较多，常用配电柜的电流互感器与电流表和电压表联合实物接线如图 3-8 所示。

在电路中，电压表并联在电源上，电流表常用接法是接在电流互感器上，电流互感器中间穿过主电源，引出的两根线接在电流表上。注意：接线时电流表和电流互感器比率要一致。

八、电流互感器与电流表实物接线

① 使用三个电流互感器测量电流，如果是使用一块电流表显示，就需要使用万能转换开关进行测量。

② 电流互感器与电流表连接时，如果是三个电流互感器接三块电流表，只要把电流互感器两端与电流表两端相连即可，但当我们接有方向性的仪表如电能表、功率表等时，一定要注意接线的极性。一次侧电流从 P1 到 P2，二次侧电流从 S1 到 S2。其接线如图 3-9 所示。

九、电流互感器与欣灵 SX-96B 数显电流表、电压表接线

（1）数显电流表、电压表固定好后，在标有工作电源的端子上接入电源，即额定工作电压，然后在测量端接入被测信号。

 注意

① 电流信号要串联，电压信号要并联；
② 常用接线参考图（表示互感器）如图 3-10 所示。

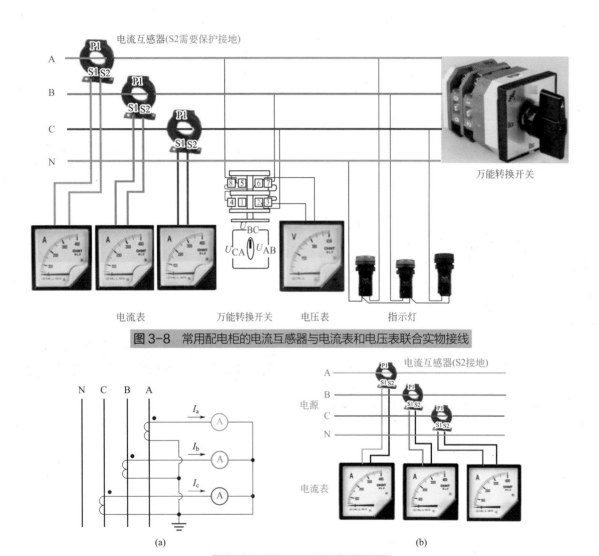

图 3-8　常用配电柜的电流互感器与电流表和电压表联合实物接线

图 3-9　电流互感器与电流表接线

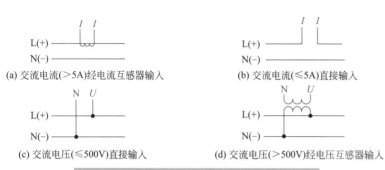

(a) 交流电流(>5A)经电流互感器输入　　(b) 交流电流(≤5A)直接输入

(c) 交流电压(≤500V)直接输入　　(d) 交流电压(>500V)经电压互感器输入

图 3-10　数显电流表、电压表常用接线参考图

（2）按键和设置介绍。按键说明如图 3-11 所示。

图 3-11　按键说明

菜单键：用于选择窗口页面，按一下该键进入菜单流程密码设置。在参数设定状态下，长按该键返回到正常测量页面。

移位键：①修改数字时，作位移键；②在同级菜单间的参数 dot、PuH、PuL 之间切换，见表 3-1。

减键：按一下该键，闪烁位数码管的数值减"1"。

加键：按一下该键，闪烁位数码管的数值加"1"。

表 3-1　参数设定

参数提示符	参数名称	参数意义	设定范围	出厂值
dot[a]	dot	小数点位置	0000~0003	0003
PuH[b]	PuH	满值	0000~9999	5.000
PuL[c]	PuL	零值	0000~9999	

（3）实物接线图如图 3-12 所示。

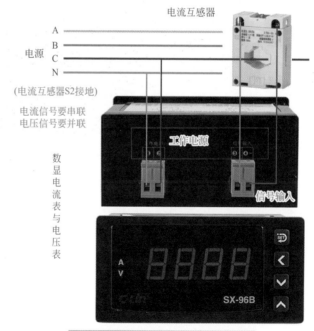

图 3-12　数显电流表、电压表接线

39

十、电流互感器安装要点

电流互感器安装要点如图 3-13 所示。

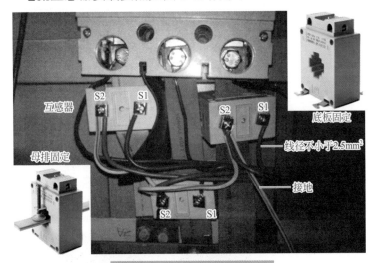

互感器

S2 S1

S2 S1

底板固定

母排固定

S2 S1

线径不小于2.5mm²

接地

图 3-13 电流互感器安装要点

① 电流互感器可垂直或水平安装，安装时须将 S2 端子接地。

② 连接互感器的二次导线截面积推荐不小于 2.5mm²。

③ 电流互感器再运行时严禁二次绕组开路，以防产生高电压，对设备和人身造成伤害。

④ 配电柜内二次回路导线不应有接头，控制电缆或导线中间亦不应有接头，如必须有接头时，应采用其较长的接线端子箱过渡连接。

⑤ 电流互感器极性不能接反，相序、相别应符合设计及规程要求，对于差动保护用的互感器接线，在投入运行前必须测定两臂电流相量图以检验接线的正确性。

⑥ 二次回路导线排列应整齐美观，导线与电气元件及端子排的连接螺栓必须无虚接松动现象，导线绑把卡点距离应符合规程要求。

⑦ 二次回路对地绝缘应良好，电压回路和电流回路之间不应有混线现象。

⑧ 互感器要做周期性检定，对检定不合格的产品应进行维修或更换。

⑨ 互感器的安装场地应该干燥通风，无侵蚀性和爆炸性的介质。

十一、单相电能表与漏电保护器的接线电路

选好单相电能表后，应进行检查安装和接线。如图 3-14 所示，1、3 为进线，2、4 接负载，接线柱 1 要接相线（即火线），漏电保护器多接在电能表后端，这种电能表接线方式目前在我国应用最多。

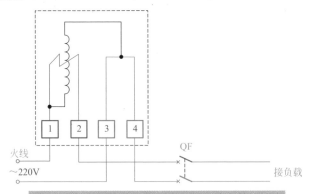

火线
~220V

1 2 3 4

QF

接负载

图 3-14 单相电能表与漏电保护器的安装与接线

电路接线组装如图 3-15 所示。

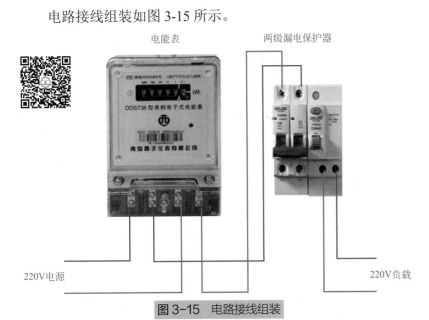

图 3-15　电路接线组装

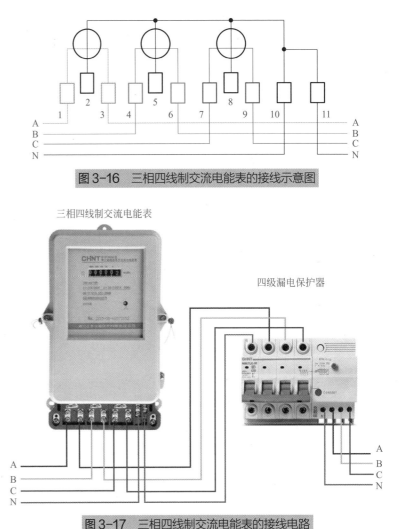

图 3-16　三相四线制交流电能表的接线示意图

图 3-17　三相四线制交流电能表的接线电路

十二、三相四线制交流电能表的接线电路

三相四线制交流电能表共有 11 个接线端子，其中 1、4、7 端子是相线进线端子，3、6、9 是相线出线端子，10、11 分别是中性线（零线）进、出线接线端子，而 2、5、8 为电能表三个电压线圈接线端子。电能表电源接上后，通过连接片分别接入电能表三个电压线圈，电能表才能正常工作。图 3-16 为三相四线制交流电能表的接线示意图。

三相四线制交流电能表的接线电路如图 3-17 所示。

十三、三相三线制交流电能表的接线电路

三相三线制交流电能表有 8 个接线端子，其中 1、4、6 为相线进线端子，3、5、8 为相线出线端子，2、7 两个接线端子空着，目的是与接入的电源相线通过连接片取到电能表的工作电压并接入电能表电压线圈。图 3-18 为三相三线制交流电能表接线示意图。

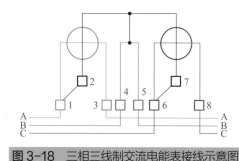

图 3-18　三相三线制交流电能表接线示意图

三相三线制交流电能表的接线电路如图 3-19 所示。

十四、带互感器电能表接线电路

带互感器三相四线制电能表由一块三相电能表配用三只规格相同、比率适当的电流互感器，以扩大电能表量程。

三相四线制电能表带互感器的接法：三只互感器安装在断路器负载侧，三相火线从互感器穿过。互感器和电能表的接线如下：1、4、7 为电流进线，依次接互感器 U、V、W 相互感器的 S1；3、6、9 为电流出线，依次接互感器 U、V、W 相互感器的 S2 并接地；2、5、8 为电压接线，依次接 U、V、W 相；10、11

端子接零线。

接线口诀是：电表孔号 2、5、8 分别接 U、V、W 三相电源，1、3 接 U 相互感器，4、6 接 V 相互感器，7、9 接 W 相互感器，10、11 接零线。如图 3-20 所示。

三相三线制交流电能表

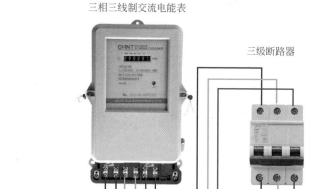

图 3-19　三相三线制交流电能表的接线电路

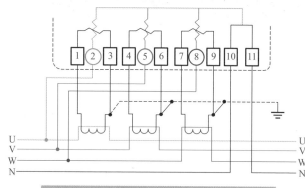

图 3-20　三相四线制电能表带互感器的接法

三相电能表中如 1、2、4、5、7、8 接线端子之间有连接片时，应事先将连接片拆除。

带互感器三相四线制电能表接线如图 3-21 所示。

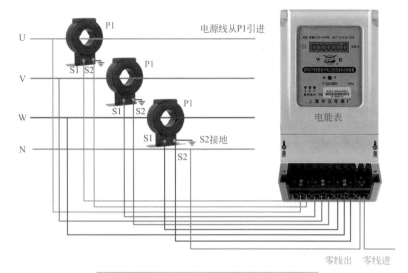

图 3-21　带互感器三相四线制电能表接线

十五、插卡式单相电能表接线

插卡式单相电能表接线方式和普通电表一样，都是 1、3 端子进，2、4 端子出。如图 3-22 所示。

十六、GPRS 预付费物业抄表远程智能电能表接线

GPRS 预付费物业抄表远程智能电能表内置 4G 或 5G 通信

模块，利用远程抄表软件可以通过电脑端和手机端实现对数据的查询，并可通过微信直接缴费，支持远程停送电即远程拉合闸，并支持本地按键送电等功能。预付费抄表系统有效地解决物业公司的各种难题，提高了工作效率。

GPRS 预付费物业抄表远程智能电能表内置集成的表头采集器、采集板、采集模块采集计量数据后，通过如 RS485 接口线、电力载波、微功率信号传输到一个集中器，再通过以上三种方式或者 GPRS、CDMA、网线等传送到集中预付费远程抄表系统中（一般为数据库服务器），这样就完成了智能电能表采集读数到集中器，再到远程抄表系统，再到用户预缴费查询，从而使智能电能表管理方在远程管理系统后台可以远程控制任何一户的电能表通断以及远程抄表、远程充值、控制修改电价等。GPRS 预付费物业抄表远程智能电能表接线如图 3-23 所示。

十七、正泰 DTZY666 型三相四线费控智能电能表接线

三相四线费控智能电能表接线方法如下（如图 3-24 所示）：

① 三只互感器安装在断路器负载侧，三相火线从互感器穿过。互感器和电能表的接线如下：1、4、7 为电流进线，依次接互感器 A、B、C 相电互感器的 S1；3、6、9 为电流出线，依次接互感器 A、B、C 相电互感器的 S2；2、5、8 为电压接线，依次接 A、B、C 相电；10 端子接零线。

② S1 必须接 1，S2 接 3，不能接反，否则会出现电能表反转。火线必须从互感器的 P1 面穿入，从 P2 面穿出，否则也会出现电能表反转。

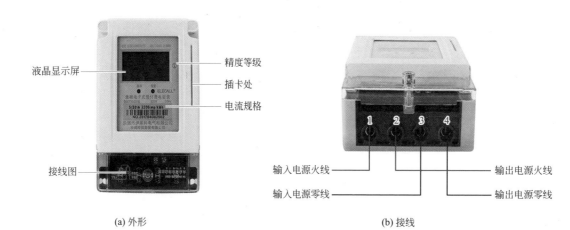

液晶显示屏

精度等级

插卡处

电流规格

接线图

(a) 外形

输入电源火线

输入电源零线

输出电源火线

输出电源零线

(b) 接线

图 3-22　插卡式单相电能表外形与接线

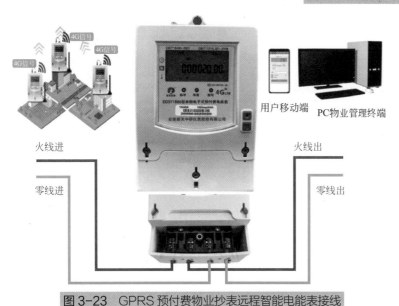

4G信号

4G信号

4G信号

用户移动端

PC物业管理终端

火线进

火线出

零线进

零线出

图 3-23　GPRS 预付费物业抄表远程智能电能表接线

③ 国家要求连接 S1、S2 的导线必须用 2.5mm² 以上的铜线。

④ 为了防止电流互感器开路产生的高压，电流互感器 S1 或者 S2 必须接地，一般接在配电箱的地排上或者和地线连接起来。

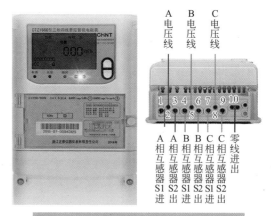

A
电
压
线

B
电
压
线

C
电
压
线

A 相互感器 S1 进

A 相互感器 S2 出

B 相互感器 S1 进

B 相互感器 S2 出

C 相互感器 S1 进

C 相互感器 S2 出

零线进出

图 3-24　三相四线费控智能电能表接线

十八、DTSD986 型三相四线多功能电能表接线

DTSD986 型三相四线多功能电能表外形如图 3-25（a）所示。

多功能作用：

（1）计量功能

① 分时计量正向有功电能、反向有功电能、正向无功电能、反向无功电能并存储其数据。

② 电量按总、尖、峰、平、谷分别累计、存储。

③ 通信、时段切换、反复断电和上电都不影响电能表的计量准确性。

④ 电能表内能存储 12 个月的历史数据。

⑤ 断电后，所有存储数据不丢失，并能保存 10 年以上。

（2）输出功能　具有耦合隔离有功和无功无源脉冲测试口输出功能（满足运动脉冲输出要求，脉宽为 80ms±20ms）。

（3）报警功能

① 缺相时报警指示灯亮，液晶上相应的电压 U_a、U_b、U_c 符号指示消失，报警符号闪烁。

② 失流时报警指示灯亮，液晶上相应的电流 I_a、I_b、I_c 符号指示消失，报警符号闪烁。

③ 电池缺压时报警指示灯亮，液晶上相应的电池符号指示闪烁。

（4）通信功能　可通过手持终端或 PC 机进行红外通信，完成编程设置和抄表。通信时通信符号亮，方便、直观、可靠。

（5）显示功能

① 采用宽温、大液晶方式显示各类信息。

② 具有参数自动轮显功能，轮显时间 5s；轮显项数据可设置，最多可设置 82 项。

③ 具有停电按键轮显功能，显示时间同轮显时间，20s 后按键则液晶自动灭。

三相四线多功能智能电能表互感器式接线如图 3-25（b）所示。

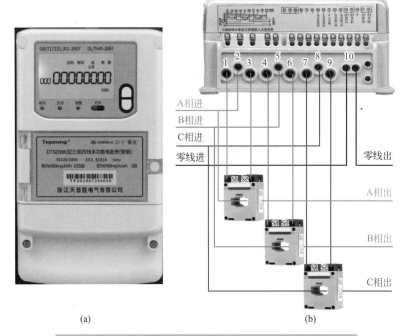

图 3-25　三相四线多功能智能电能表外形及互感器式接线

1、4、7 为电流进线，依次接互感器 A、B、C 相互感器的 S1；3、6、9 为电流出线，依次接互感器 A、B、C 相电互感器的 S2；2、5、8 为电压接线，依次接 A、B、C 相；10 端子接零线。

三相四线多功能智能电能表直接式接线如图 3-26 所示。

1、4、7 分别是相线进线端子，3、6、9 分别是相线出线端子接负载，10 是零线进、出线端子。

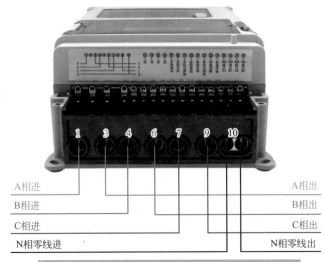

图 3-26 三相四线多功能智能电能表直接式接线

十九、低压配电系统接地方式

电源中性点直接接地的三相四线制低压配电系统可分成 3

类，TN 系统、TT 系统和 IT 系统。TN 系统和 TT 系统都是中性点直接接地系统。TT 系统中的设备外露可导电部分采取经各自的 PE 线直接接地的保护方式，如图 3-27 所示。IT 系统的中性点不接地或经电阻接地，且通常不引出中性线，如图 3-28 所示。TN 系统可以扫描二维码详细学习。

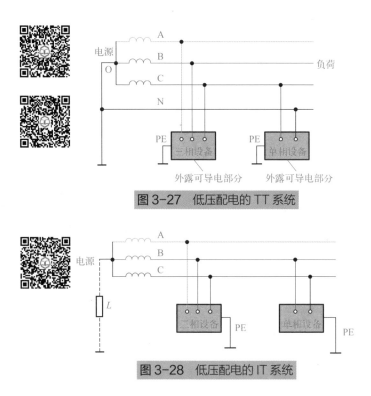

图 3-27 低压配电的 TT 系统

图 3-28 低压配电的 IT 系统

第四章

电动机启动电路接线

一、电动机直接启动控制线路

三相异步电动机直接启动控制线路原理和实物接线如图 4-1 所示。电动机直接启动，其启动电流通常为额定电流的 6 ～ 8 倍，一般应用于小功率电动机。常用的启动电路有开关直接启动。电动机的容量应低于电源变压器容量的 20% 时，才可直接启动。使用时，将空开推向闭合位置，则 QF 中的三相开关全部接通，电动机运转。如发现运转方向和我们所要求的相反，任意调整断路器下端两根电源线，则转向和前述相反。

二、电动机点动控制线路

交流接触器控制点动控制线路原理与实物接线如图 4-2 所示。当合上空开 QF 时，电动机不会启动运转，因为 KM 线圈未得电，只有按下 SB2，使线圈 KM 得电，主电路中的主触点 KM 闭合，电动机 M 即可启动。这种只有按下按钮电动机才会运转，松开按钮即停转的线路，称为点动控制线路。利用交流接触器来控制电动机的优点是，减轻劳动强度，操作小电流的控制电路就可以控制大电流主电路，能实现远距离控制与自动化控制。

调试与检修：

• 调试维修：检查接线无误后，接通交流电源，"合"开关 QF，此时电动机不转。按下按钮 SB2，电动机即可启动，松开按钮电动机即停转。若发现电动机不能点动控制或熔断器熔断等故障，则应"分"断电源，分析、排除故障后使之正常工作。

① 电路接好后，按动按钮开关没有任何反应，怀疑熔断器损坏。

② 电路连接好，合上空开，电动机一直旋转，怀疑控制电路故障。

• 故障检修：

① 按照电路原理图进行调试，首先检测 QF 下端是否有电压，如果没有电压说明是上端的故障，然后用万用表检查熔断器是否熔断。根据控制电路的原理，用万用表检查热继电器是否毁坏，检查交流接触器 KM 线圈是否熔断，检查 SB2 按钮开关是否能够接通。若上述元件全部正常，用万用表检查电动机的电阻值，当元器件均完好时，接通 QF，按动 SB2 按钮开关，电动机就应该能够正常运转。用万用表检查到哪个地点不正常，就更换相应的元器件。

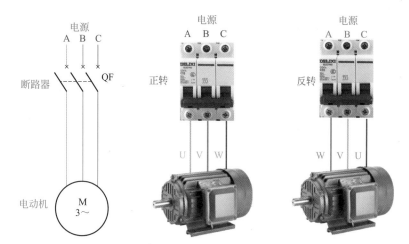

电源
A B C

断路器 QF

电动机

M
3~

电源
A B C

正转

U V W

电源
A B C

反转

W V U

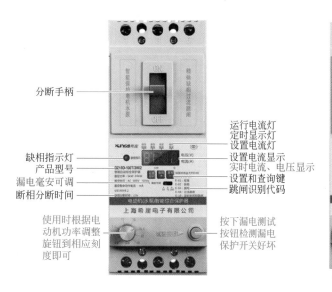

接380V电源

分断手柄

运行电流灯
定时显示灯
设置电流灯
设置电流显示
实时电流、电压显示
设置和查询键
跳闸识别代码

缺相指示灯
产品型号
漏电毫安可调
断相分断时间

使用时根据电
动机功率调整
旋钮到相应刻
度即可

按下漏电测试
按钮检测漏电
保护开关好坏

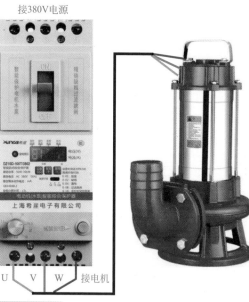

U V W 接电机

图 4-1 电动机直接启动控制线路

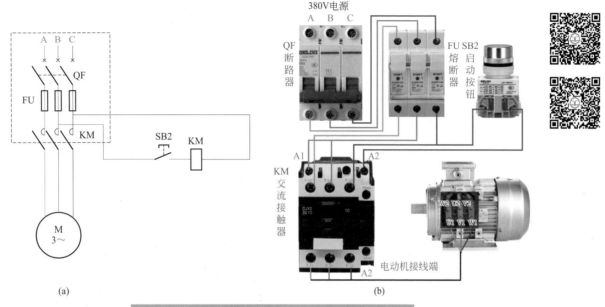

图4-2 交流接触器控制点动控制线路原理与实物接线

② 直观检查法，也就是说直接去观察这些元器件是否毁坏。首先把熔断器座拧开，检查熔断器是否熔断，然后检查交流接触器是否毁坏。此时可以接通 QF，用螺丝刀按压交流接触器，看电动机是否能够旋转，如果按压交流接触器电动机能够旋转，说明故障在控制电路。在实际应用中，这种方法很常见，只有在维修复杂电路，不能够直接用这种方法排除故障时，才应用万用表直接进行检修。

三、电动机自锁式直接启动控制电路

电动机自锁式直接启动控制电路原理与实物接线如

图 4-3 所示。

工作过程：当按下启动按钮 SB2 时，线圈 KM 得电，主触点闭合，电动机 M 启动运转；当松开按钮，电动机 M 不会停转，因为这时，交流接触器线圈 KM 可以通过并联 SB2 两端已闭合的辅助触点使 KM 继续维持得电，电动机 M 不会断电，也不会停转。

这种松开按钮而能自行保持线圈得电的控制线路叫作具有自锁的接触器控制线路，简称自锁控制线路。

调试与检修：用直观检查法进行调试与维修，把所有配线全部配好以后，只要配线无误，按动启动按钮开关，电动机应当能够进行旋转，然后按动停止按钮开关，电动机应能够自动

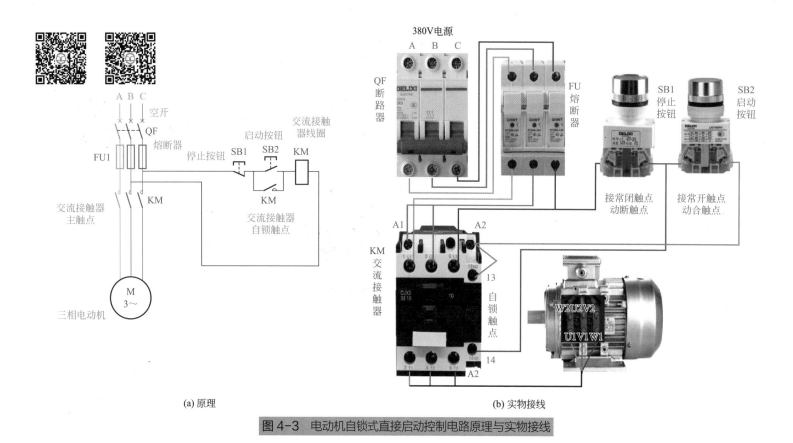

(a) 原理

(b) 实物接线

图 4-3　电动机自锁式直接启动控制电路原理与实物接线

停止。如果按动启动按钮开关以后，电动机不能够进行旋转，可直接按压交流接触器看电动机是否旋转，如不能旋转，应检查交流接触器是否毁坏。如果按压交流接触器触点能够直接启动，应检查控制电路，检查启动按钮开关、停止按钮开关的接点是否毁坏。

　　用直观检查法检查不到故障时，可用万用表测量空开下端的电压，熔断器的输入、输出电压，交流接触器的输入、输出电压，接点的输入、输出电压，电动机的输入电压，如检查到电动机有输入电压，说明电动机毁坏，直接维修或更换电动机即可。

四、热继电器过载保护与欠电压保护电路

热继电器过载保护与欠电压保护电路如图4-4所示。该线路同时具有欠电压与失电压保护作用，当电动机运转时，电源电压降低到一定值（一般降低到额定电压的85%）时，由于交流接触器线圈磁通减弱，电磁吸力克服不了反作用弹簧压力，动铁芯释放，从而使主触点断开，自动切断主电路，电动机停转，达到欠电压保护的目的。

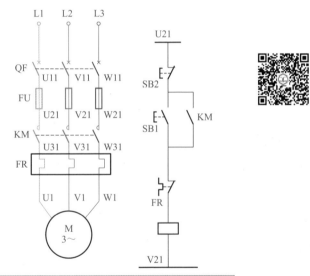

图4-4　热继电器过载保护与欠电压保护电路

过载保护：线路中将热继电器的发热元件串联在电动机的定子回路，当电动机过载时，发热元件过热，使双金属片弯曲到能推动脱扣机构动作，从而使串接在控制回路中的常闭触点

FR断开，切断控制电路，使线圈KM失电释放，交流接触器主触点KM断开，电动机断电停转。

热继电器过载保护与欠电压保护电路实物接线如图4-5所示。

调试与检修：当按动SB1以后，KM自锁，KM线圈得电吸合，触点吸合，电动机即可旋转。当电动机过电流的时候，热继电器动作，其接点断开，断开交流接触器线圈的供电，交流接触器断开电动机，电动机停止运行。检修时可以直接用万用表检测启动按钮开关SB1的好坏、线圈的通断，当线圈的阻值很小或是不通时为线圈毁坏，交流接触器的触点可以通过按下主触点面板进行测量是否接通（注意测量前断开断路器电源），如果这些元件有不正常的，应该进行更换。

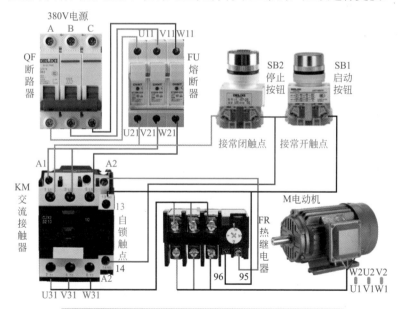

图4-5　热继电器过载保护与欠电压保护电路实物接线

五、带保护电路的直接启动自锁运行控制电路

带保护电路的直接启动自锁运行控制电路原理图如图 4-6 所示。

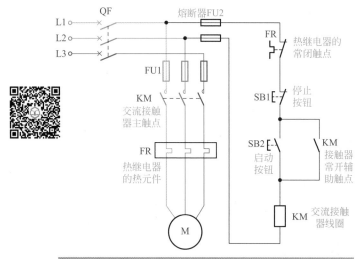

图 4-6 带保护电路的直接启动自锁运行控制电路原理图

• 启动：合上空开 QF，按动启动按钮 SB2，KM 线圈得电后常开辅助触点闭合，同时主触点闭合，电动机 M 启动且连续运转。当松开 SB2，其常开触点恢复分断后，因为交流接触器 KM 的常开辅助触点闭合时已将 SB2 短接，控制电路仍保持接通，所以交流接触器 KM 继续得电，电动机 M 实现连续运转。

像这种当松开启动按钮 SB2 后，交流接触器 KM 通过自身

常开辅助触点而使线圈保持得电的作用叫作自锁（或自保）。与启动按钮 SB2 并联起自锁作用的常开辅助触点叫作自锁触点（或自保触点）。

• 停止：按动停止按钮开关 SB1，KM 线圈失电，自锁触点和主触点分断，电动机停止转动。当松开 SB1，其常闭触点恢复闭合后，因交流接触器 KM 的自锁触点在切断控制电路时已分断，解除了自锁，SB2 也是分断的，所以交流接触器 KM 不能得电，电动机 M 也不会转动。

• 线路的保护设置：

① 短路保护：由熔断器 FU1、FU2 分别实现主电路与控制电路的短路保护。

② 过载保护：电动机在运行过程中，长期负载过大、启动操作频繁或者缺相运行等原因，都可能使电动机定子绕组的电流增大，超过其额定值。在这种情况下，熔断器往往并不熔断，从而引起定子绕组过热使温度升高。若温度超过允许温升就会使绝缘损坏，缩短电动机的使用寿命，严重时甚至会使电动机的定子绕组烧毁。因此，采用热继电器对电动机进行过载保护。过载保护是指电动机出现过载时能自动切断电动机电源，使电动机停转的一种保护。

在照明、电加热等一般电路里，熔断器 FU 既可以用作短路保护，也可以用作过载保护，但对三相异步电动机控制线路来说，熔断器只能用作短路保护。这是因为三相异步电动机的启动电流很大（全压启动时的启动电流能达到额定电流的 4 ~ 7 倍），若用熔断器作过载保护，则选择的熔断器的额定电流就应等于或略大于电动机的额定电流，这样电动机在启动时，由于启动电流大大超过了熔断器的额定电流，熔断器在很短的时间

内爆断，造成电动机无法启动，所以熔断器只能用作短路保护，其额定电流应取电动机额定电流的 1.5～3 倍。

　　热继电器在三相异步电动机控制线路中只能用作过载保护，不能用作短路保护。这是因为热继电器的热惯性大，即热继电器的双金属片受热膨胀弯曲需要一定的时间。当电动机发生短

路时，由于短路电流很大，热继电器还没来得及动作，供电线路和电源设备可能已经损坏；而在电动机启动时，由于启动时间很短，热继电器还未动作，电动机已启动完毕。总之，热继电器与熔断器两者所起作用不同，不能相互代替。

　　带保护电路的直接启动自锁运行控制电路实物接线见图4-7。

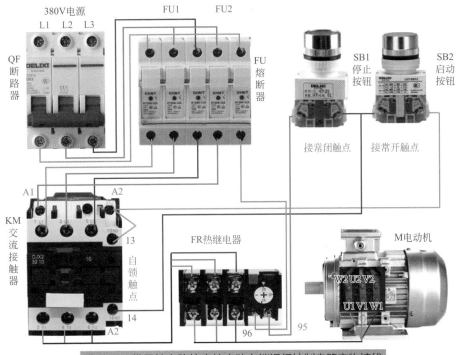

图 4-7　带保护电路的直接启动自锁运行控制电路实物接线

　　调试与检修：根据电路原理图检修时，用万用表检测 QF 的下端是否有电压；熔断器是否熔断；控制电路元件 FR、SB1、SB2、KM 线圈是否断路，如果断路直接进行更换；KM 的接点

是否毁坏，KM 接点毁坏（有粘连、被电火花烧着以后）应进行更换；热继电器是否毁坏，毁坏应进行更换。若上述元件均没有毁坏，则应该是电动机毁坏，直接维修或更换电动机即可。

直观检查法，就是接通 QF，按压交流接触器看电动机是否能够旋转，如果按压交流接触器电动机能够旋转，说明主电路没有问题，故障在控制电路，应该去检查启动按钮和停止按钮是否毁坏。对于直观检查法，每次在检查时第一步应该检查熔断器是否熔断，熔断器熔断时直接进行更换。

六、电动机自耦变压器降压启动控制电路

自耦变压器高压侧接电网，低压侧接电动机。启动时，利用自耦变压器分接头来降低电动机的电压，待转速升到一定值时，自耦变压器自动切除，电动机与电源相接，在全压下正常运行。电动机自耦变压器降压启动是利用自耦变压器来降低加在电动机定子绕组上的电压，达到限制启动电流的目的。电动机启动时，定子绕组加上自耦变压器的二次电压。启动结束后，切除自耦变压器，定子绕组上加额定电压，电动机全压运行。自耦变压器外形如图 4-8 所示。

图 4-8　自耦变压器外形

图 4-9 是交流电动机自耦变压器降压启动自动控制电路原理图，自动切换靠时间继电器完成，用时间继电器切换能可靠地完成由启动到运行的转换过程，不会造成启动时间长短不一

的情况，也不会因启动时间长造成烧毁自耦变压器事故。控制过程如下：

① 合上空气开关 QF，接通三相电源。

② 按启动按钮 SB2，交流接触器 KM1 线圈得电吸合并自锁，其主触点闭合，将自耦变压器线圈接成星形，与此同时 KM1 辅助常开触点闭合，使得交流接触器 KM2 线圈得电吸合，KM2 的主触点闭合，由自耦变压器的低压抽头（如 65%）将三相电压的 65% 接入电动机。

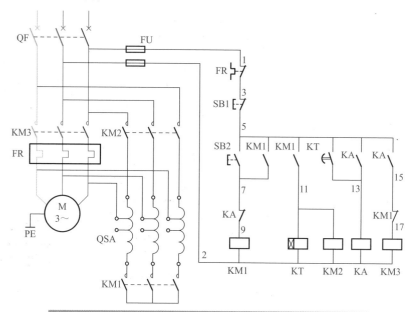

图 4-9　交流电动机自耦变压器降压启动自动控制电路原理图

③ KM1 辅助常开触点闭合，使时间继电器 KT 线圈得电并按已整定好的时间开始计时，当时间到达后，KT 的延时常开

触点闭合，使中间继电器 KA 线圈得电吸合并自锁。

④ 由于 KA 线圈得电，其常闭触点断开使 KM1 线圈失电，KM1 常开触点全部释放，主触点断开，使自耦变压器线圈封星端打开；同时，KM2 线圈失电，其主触点断开，切断自耦变压器电源。KA 的常开触点闭合，通过 KM1 已经复位的常闭触点使 KM3 线圈得电吸合，KM3 主触点接通，电动机在全压下运行。

⑤ KM1 的常开触点断开也使时间继电器 KT 线圈失电，其

延时闭合触点释放，也保证了在电动机启动任务完成后，使时间继电器 KT 处于断电状态。

⑥ 欲停车时，可按 SB1，则控制电路全部断电，电动机因切除电源而停转。

⑦ 电动机的过载保护由热继电器 FR 完成。

电动机自耦变压器降压启动自动控制电路的主电路接线如图 4-10 所示，控制电路接线如图 4-11 所示。

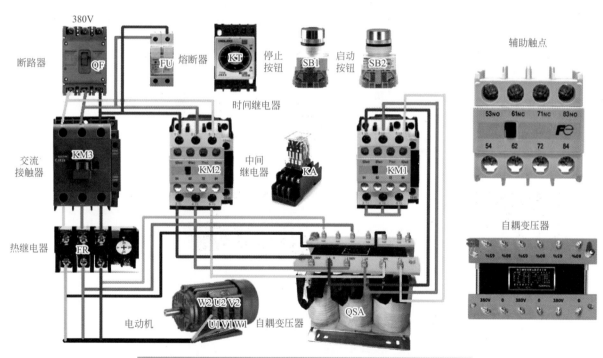

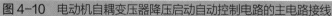
图 4-10　电动机自耦变压器降压启动自动控制电路的主电路接线

调试与检修：

① 电动机自耦变压器降压启动自动控制电路适用于任何接法的三相笼型异步电动机。

② 自耦变压器的功率应与电动机的功率一致，如果小于电动机的功率，自耦变压器会因启动电流大而发热损坏绝缘，烧毁绕组。

③ 对照原理图核对接线，要逐相检查并核对线号，防止接错线和漏接线。

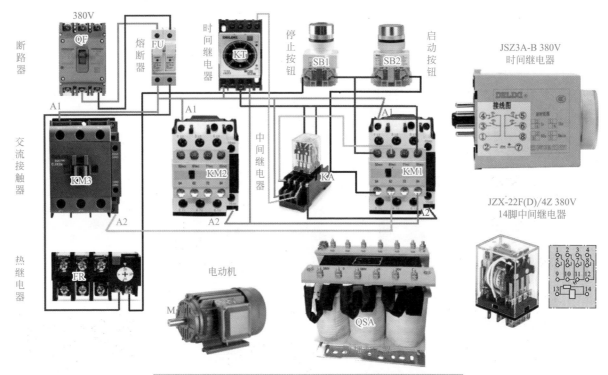

图 4-11　电动机自耦变压器降压启动自动控制电路实物接线

④ 由于启动电流很大，应认真检查主电路端子接线的压接部分是否牢固，确保无虚接现象。

⑤ 空载试验：拆下热继电器 FR 与电动机端子的连接线，接通电源，按动 SB2 启动 KM1 与 KM2 动作吸合，KM3 与 KA 不动作。时间继电器的整定时间到达时，KM1 和 KM2 释放以及 KA 和 KM3 动作吸合切换正常，反复试验几次检查线路的可靠性。

⑥ 带电动机试验：经空载试验无误后，恢复与电动机的接线。在带电动机试验中应注意启动与运行的转换过程，注意电动机的声音及电流的变化，电动机启动是否困难，有无异常情况，如有异常情况应立即停车处理。

⑦ 再次启动：自耦变压器降压启动电路不能频繁操作，如果启动不成功，第二次启动应间隔 15min 以上，在连续两次启动后，应停电 4h 再次启动运行，这是为了防止自耦变压器绕组内启动电流太大而发热损坏自耦变压器的绝缘。

⑧ 带负荷启动时，电动机声音异常，转速低不能接近额定转速，转换到运行时有很大的冲击电流。

【分析现象】电动机声音异常，转速低不能接近额定转速，说明电动机启动困难，怀疑是自耦变压器的抽头选择不合理，电动机绕组电压低，启动力矩小，拖动的负载大造成的。

【处理】将自耦变压器的抽头改接在 80% 位置后，再试车，故障排除。

⑨ 电动机由启动转换到运行时，仍有很大的冲击电流，甚至掉闸。

【分析现象】这是由电动机启动和运行的转换时间太短，电动机的启动电流还未下降至额定转速就切换到全压运行状态所致。

【处理】调整时间继电器的整定时间，延长启动时间，现象排除。

七、电动机三个交流接触器控制 Y- △ 降压启动控制电路

三个交流接触器控制 Y- △ 降压启动控制电路如图 4-12 所示。从主电路可知，如果控制线路能使电动机接成星形（即 KM1 主触点闭合），并且经过一段延时后再接成三角形（即 KM1 主触点打开，KM2 主触点闭合），电动机就能实现降压启动，而后再自动转换到正常速度运行。

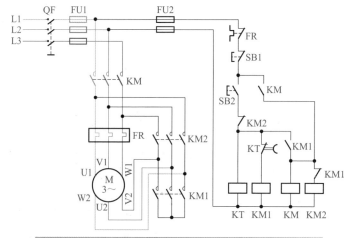

图 4-12　三个交流接触器控制 Y- △ 降压启动控制电路

控制线路的工作过程：

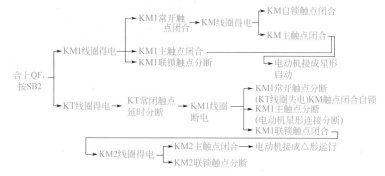

三个交流接触器控制 Y- △降压启动控制电路的主电路接线如图 4-13 所示，控制电路接线如图 4-14 所示。

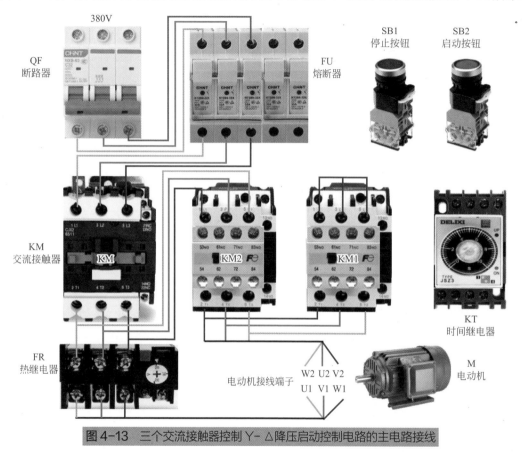

图 4-13　三个交流接触器控制 Y- △降压启动控制电路的主电路接线

调试与检修：用三个交流接触器来控制的 Y- △降压启动控制电路，是在中小功率电动机启动控制电路中应用最多的控制电路。接通电源后，若电动机不能够正常旋转，首先检查熔断器是否熔断。断开空开，用万用表欧姆挡测量熔断器是否是通的，如果不通，说明熔断器毁坏，应进行更换。然后用万用表欧姆挡直接检查三个交流接触器的线圈是否毁坏，如有毁坏应进行更换。检查时间继电器是否毁坏，时间继电器可以应用代换法进行检修。检查热继电器是否毁坏，按钮开关的接点是否毁坏，若上述元件均无故障，则属于电动机的故障，可以维修或更换电动机。在检修交流接触器 Y- △启动电路的时候，若判断出交流接触器毁坏，在更换交流接触器时应注意用原型号的交流接触器进行代换，同时它的接线不要接错。

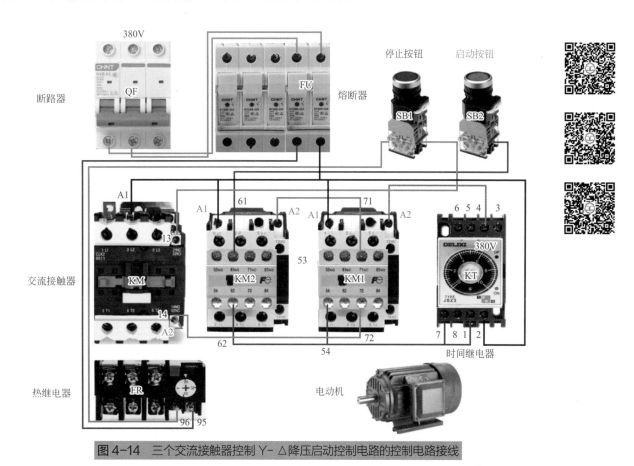

图 4-14　三个交流接触器控制 Y- △降压启动控制电路的控制电路接线

八、绕线转子异步电动机启动控制电路

　　三相绕线转子异步电动机较直流电动机结构简单、维护方便，调速和启动性能比笼型异步电动机优越。有些生产机械要求电动机有较大的启动转矩和较小的启动电流，而对调速要求不高。但笼型异步电动机不能满足上述启动性能的要求，此种情况下可采用绕线转子异步电动机拖动，通过滑环可以在转子绕组中串接外加电阻或频敏变阻器，从而达到限制启动电流、增大启动转矩及调速的目的。启动时，启动电阻全部接入；启动过程中，启动电阻逐段被短接。图 4-15 所示电路在启动过程中，通过时间继电器的控制，将转子电路中的电阻分段切除，达到限制启动电流的目的。

　　如图 4-15 所示，按下启动按钮 SB1，KM1 线圈得电，常开触点闭合自锁，同时另一对常开触点闭合，KT1 线圈得电，KT1 的延时闭合触点闭合。KM2 线圈得电，KM2 的主触点闭合，切除电阻 R1，KM2 的常开辅助触点闭合，使 KT2 线圈得电，KT2 的延时闭合触点闭合，KM3 线圈得电，KM3 主触点闭合，电阻 R2 被切除。

　　三相绕线转子异步电动机优点是：可通过滑环在转子绕组中串接外加电阻以达到减小启动电流的目的，启动转矩大，而且可调速，在电气传动中经常使用。

　　绕线转子异步电动机的启动控制电路的主电路实物接线如图 4-16 所示，控制电路实物接线见图 4-17。

　　调试与检修：对于电阻降压式启动电路实际是在启动时串入电阻器，使转子绕组中的电压由低向高变化，直到全压运行，在电路中是由交流接触器来控制电阻的接通和断开的。在检修

过程当中，用直观检查法先观察交流接触器是否有毁坏现象，比如接点粘连、接点变形。再检查熔断器是否毁坏，按钮开关是否毁坏，直接看电阻是否有烧毁现象（采用大功率的线绕电阻），如有毁坏，可以直观看出。若通过直观检查法发现上述元件没有问题，可利用电压跟踪法去检测故障位置，比如接通电源后，测量交流接触器的下口没有电压，而上口有电压，说明是交流接触器毁坏；如果交流接触器的下口有电压，熔断器的上口也有电压，而熔断器下口没有电压，说明是熔断器熔断。如果熔断器下口有电压，到各个交流接触器的上口也有电压，而主交流接触器下口没有电压，说明是主交流接触器毁坏，或者主交流接触器的控制电路毁坏，应用万用表检查按钮开关是否

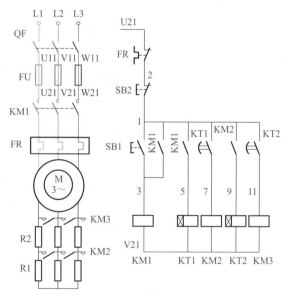

图 4-15　绕线转子异步电动机启动控制电路

接通，交流接触器的线圈是否毁坏，如有毁坏进行更换。检查主交流接触器的下口是否有电压，检查热继电器的输入端是否有电压，如有电压再检查输出端是否有电压，如输入端有电压，输出端电压为零，说明热继电器毁坏。如果输出端有电压，电动机仍不能正常运转，应检查电动机是否毁坏。主电路有电压，电动机不能运行，说明故障在转子控制电路，应去检查启动控制的两个交流接触器、启动电阻、时间继电器是否毁坏，检查到哪个元器件出现故障，可以直接将其更换。

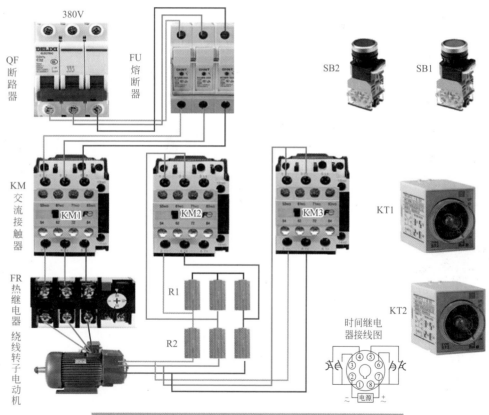

图4-16　绕线转子异步电动机启动控制电路主电路实物接线

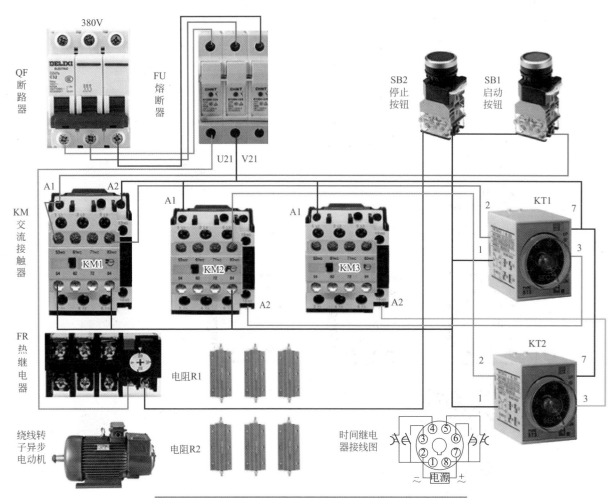

380V

QF
断路器

FU
熔断器

U21 V21

SB2
停止
按钮

SB1
启动
按钮

A1   A2

A1

A1

2   KT1   7

KM
交流
接触器

KM1

KM2

KM3

1   3

A2

A2

FR
热继电器

电阻R1

2   KT2   7

1   3

绕线转子异步电动机

电阻R2

时间继电器接线图

电源

图 4-17 绕线转子异步电动机启动电路的控制电路实物接线

九、串励直流电动机启动控制电路

串励直流电动机启动控制电路如图 4-18 所示。串励直流电动机启动控制电路的主电路接线见图 4-19 ，控制电路接线如图 4-20 所示。

调试与检修：当接通电源后，电动机不能正常启动，主要去查找断路器的下端是否有直流电压，熔断器是否熔断，按钮开关是否毁坏，直接观察和使用万用表测量交流接触器的触点、线圈是否毁坏，时间继电器是否毁坏，如上述元件均无故障，电动机仍不能正常运行，说明是直流电动机出现故障，可以维修或更换直流电动机。

合上 QF → KT1 线圈得电 → KT1 常闭触点瞬时断开

KM2 线圈失电 / KM3 线圈失电 → R1、R2 电阻全部串入电枢回路

按下按钮 SB2 → KM1 线圈得电 → KM1 自锁触点闭合 / KM1 常闭触点断开 / KM1 常开触点闭合

KT2 线圈得电吸合 → KT2 常闭触点瞬时断开

KT1 线圈失电 → KT1 常闭触点延时闭合 → KM2 线圈得电

电动机 M 降压启动

KM2 常开触点闭合 → R1 被短接 → KT2 线圈失电 → KT2 常闭触点延时闭合

接触器 KM3 线圈得电 → KM3 常开触点闭合 → R2 被短接

电动机正常运行

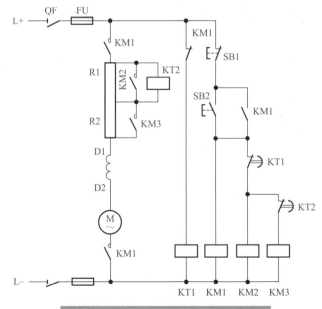

图 4-18　串励直流电动机启动控制电路

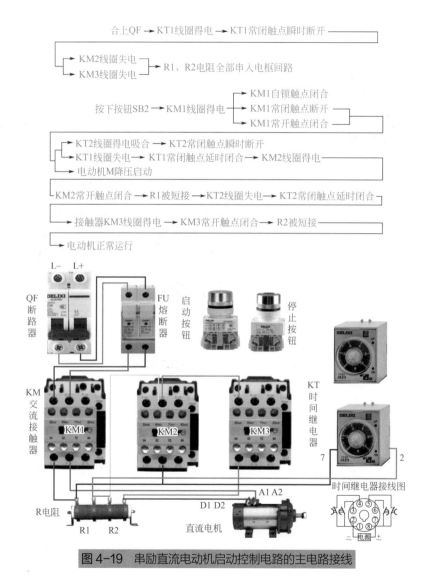

图 4-19　串励直流电动机启动控制电路的主电路接线

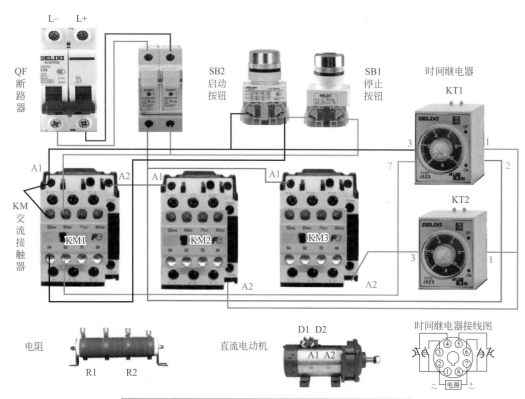

图 4-20　串励直流电动机启动控制电路的控制电路接线

十、并励直流电动机启动控制电路

　　并励直流电动机的启动电路如图 4-21 所示。图中，KA1 是过电流继电器，用作直流电动机的短路和过载保护；KA2 是欠电流继电器，用作励磁绕组的失磁保护。

　　启动时先合上电源开关 QF，励磁绕组获电励磁，欠电流继电器 KA2 线圈得电，KA2 常开触点闭合，控制电路通电。此时时间继电器 KT 线圈得电，KT 常闭触点瞬时断开。然后按下启动按钮 SB2，接触器 KM1 线圈得电，KM1 主触点闭合，电动机串接电阻器 R 启动；KM1 的常闭触点断开，KT 线圈失电，

KT 常闭触点延时闭合，接触器 KM2 线圈得电，KM2 主触点闭合将电阻器 R 短接，电动机在全压下运行。

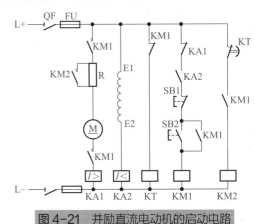

图4-21　并励直流电动机的启动电路

该电路中过电流和欠电流继电器工作原理：

① 在电路接线时，只要在线圈 A1、A2 两端加上一定的电压，电流流过电流继电器，则 KA1 过电流继电器在电流正常时输出继电器不动作，KA1 常闭触点闭合。当电流大于过电流设定值，并且持续时间超过允许时间，输出继电器动作，KA1 常闭触点断开，断开控制电路；当电流小于过电流设定值时，过电流继电器触点释放，KA1 常闭触点闭合。

② KA2 欠电流继电器在电流正常时输出继电器吸合，KA2 常开触点闭合，当电流小于欠电流设定值且持续时间大于设定的延时时间，输出继电器释放，KA2 常开触点处于断开状态。

对于继电器的常开、常闭触点，可以这样来区分：继电器线圈未通电时处于断开状态的静触点称为常开触点（动合触点）；处于接通状态的静触点称为常闭触点（动断触点）。

日常使用的直流继电器外形和接口说明如图 4-22（a）、图 4-22（b）所示，其有 1 组常开和常闭触点（11、12 为常闭触点，12、14 为常开触点），接线如图 4-22（c）所示。在接线时应注意继电器底座和继电器插针的对应关系。

如图 4-23 所示为并励直流电动机的启动电路主电路接线，图 4-24 为控制电路接线。

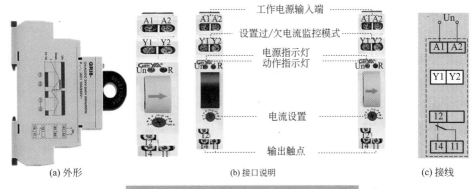

图4-22　直流继电器外形、接口说明和接线

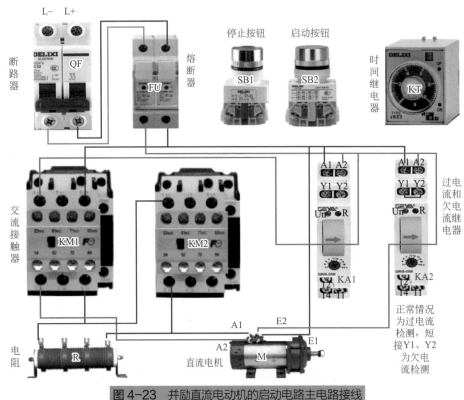

图 4-23　并励直流电动机的启动电路主电路接线

调试与检修：当正常接线后，接通断路器，电动机应该能够正常运行。如果不能运行，首先检查熔断器是否熔断，交流接触器的触点是否有毁坏现象，电阻是否有断线的现象，时间继电器是否毁坏。再使用万用表测量交流接触器的线圈是否断开，没有问题的话接通电源，用电压挡测量交流接触器下口是否有电压，熔断器是否有输出电压，交流接触器的上口、下口是否有电压，继电器是否有电压。若某一点没有电压，说明相对应的控制电路有故障；如果有正常电压还不能工作，说明是器件本身的故障，应进行更换元器件；如果元器件均完好，说明是直流电动机的故障，应维修或更换直流电动机。

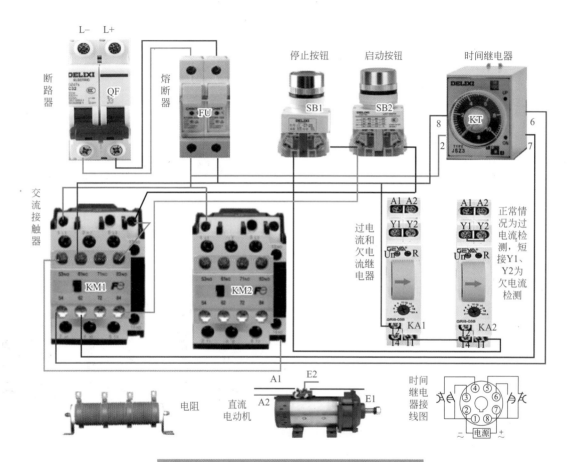

断路器
熔断器
停止按钮
启动按钮
时间继电器

L-　L+

QF

FU

SB1

SB2

KT

8　6
2　7

交流接触器

KM1

KM2

过电流和欠电流继电器

A1 A2
Y1 Y2

A1 A2
Y1 Y2

正常情况为过电流检测，短接Y1、Y2为欠电流检测

KA1

KA2

12
14 11

12
14 11

电阻

直流电动机

A1　E2
A2　E1

时间继电器接线图

3　5
6
2　7
1　8

电源

图4-24　并励直流电动机的启动电路控制电路接线

67

十一、他励直流电动机启动控制电路

他励直流电动机的启动控制电路如图 4-25 所示。

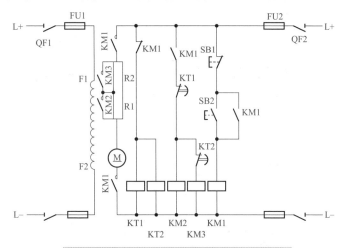

图 4-25　他励直流电动机的启动控制电路

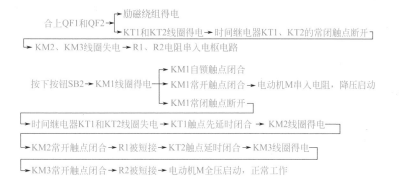

他励直流电动机的启动控制电路的主电路接线如图 4-26 所示，控制电路接线如图 4-27 所示。

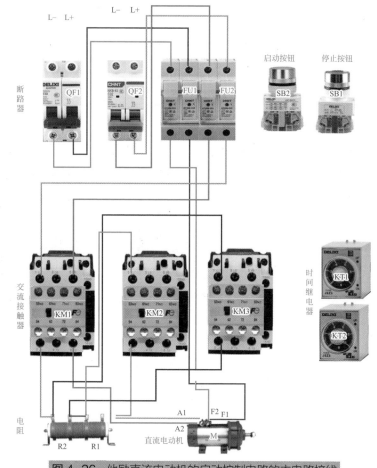

图 4-26　他励直流电动机的启动控制电路的主电路接线

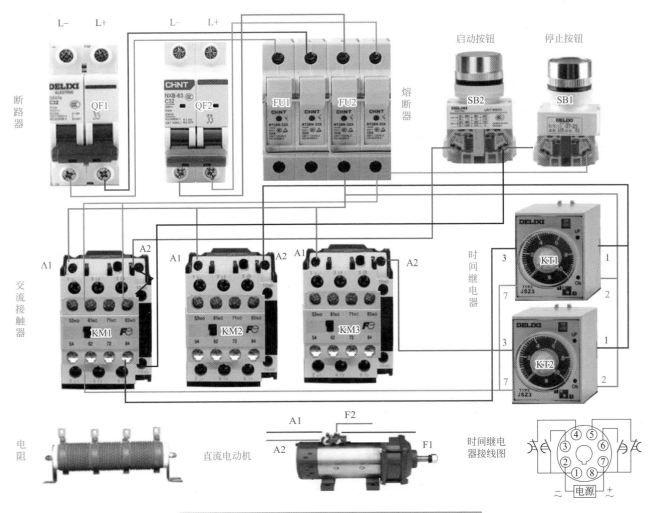

图 4-27 他励直流电动机的启动控制电路的控制电路接线

第五章

电动机正反转电路接线

一、用倒顺开关实现三相电动机正反转控制电路

用倒顺开关实现三相电动机正反转控制的方法是手柄向左扳至"顺"位置时，QS 闭合，电动机 M 正转；手柄向右扳至"逆"位置时，QS 闭合，电动机 M 反转。倒顺开关实物、原理与接线如图 5-1 所示。

用倒顺开关实现电动机正反转控制电路接线如图 5-2 所示。

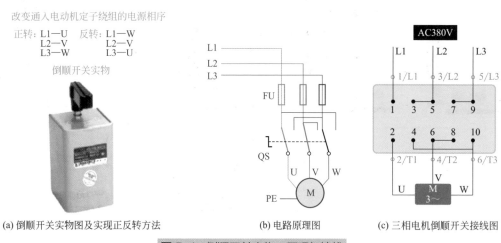

改变通入电动机定子绕组的电源相序

正转：L1—U　　反转：L1—W
　　　L2—V　　　　　L2—V
　　　L3—W　　　　　L3—U

倒顺开关实物

(a) 倒顺开关实物图及实现正反转方法　　　(b) 电路原理图　　　(c) 三相电机倒顺开关接线图

图 5-1　倒顺开关实物、原理与接线

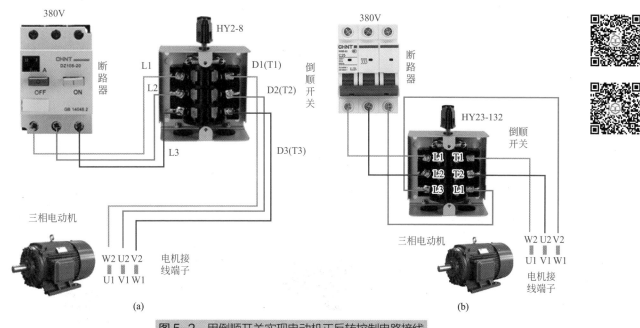

图 5-2 用倒顺开关实现电动机正反转控制电路接线

调试与检修：这是电动机的正反转控制电路，只是用了倒顺开关进行控制电动机的正反转，实际倒顺开关只是倒了相线，就可以控制电动机的正转和反转。当出现故障时，直接检查空开、倒顺开关是否毁坏。如果没有毁坏，接通电源电动机应能够正常旋转；如果有正转无倒转，说明倒顺开关有故障，更换倒顺开关就可以。

二、单相双电容电动机正反转电路接线

单相双电容异步电动机绕组和接线柱接法如图 5-3 所示。

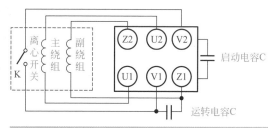

图 5-3 单相双电容异步电动机绕组和接线柱接法

这种电机的铭牌上一般都标有正转和反转的接法，如图 5-4 和图 5-5 所示。

说明：正反转控制实际上只是改变副绕组的接法。正转接法时，副绕组的 Z1 端通过启动电容和离心开关连到主绕组的 V1 端；反转接法时，副绕组的 Z2 端改接到主绕组的 U1 端。改变主绕组接法同样可以实现电动机正反转控制。

倒顺开关控制单相电动机正反转实物接线如图 5-6 和图 5-7 所示。

三、三相电机正反转点动控制电路接线

三相电机正反转点动控制电路原理图如图 5-8 所示。

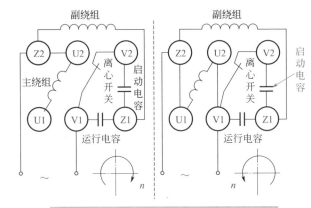

图 5-4　单相双电容电机正反转电路接线图

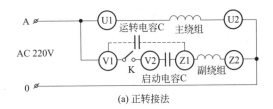

(a) 正转接法

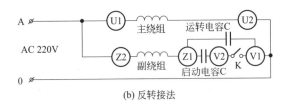

(b) 反转接法

图 5-5　电容启动／电容运转式单相
电动机正反转接法原理

(a) HY2-8外形

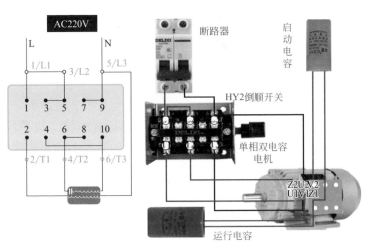

(b) HY2-8接线图　　(c) 接线

图 5-6　正泰倒顺开关 HY2-8 控制单相
220V 电动机正反转实物接线

⑥ 电路利用 KM1 和 KM2 常闭辅助触点互锁，避免线路短路。

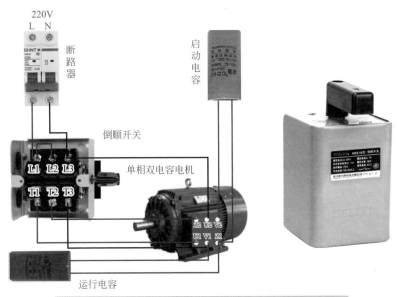

图5-7 德力西倒顺开关KO3控制单相电动机实物接线

① 合上开关 QF 接通三相电源。

② 按动正向启动按钮开关 SB2，SB2 的常开触点接通 KM1 线圈线路，交流接触器 KM1 线圈得电吸合，KM1 主触点闭合接通电动机电源，电动机正向运行。

③ 按动反向启动按钮开关 SB3，SB3 的常开触点接通 KM2 线圈线路，交流接触器 KM2 线圈得电吸合，KM2 主触点闭合接通电动机电源，电动机反向运行。

④ 在运行的过程中，只要松开按钮开关，控制电路立即无电，交流接触器断电主触点释放，电动机停止运行。

⑤ 电动机的过载保护由热继电器 FR 完成。

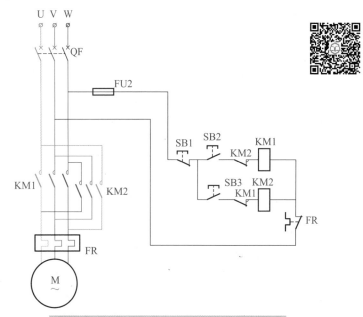

图5-8 三相电机正反转点动控制电路原理图

三相电动机正反转点动控制电路的主电路接线图如图5-9所示，控制电路接线如图5-10所示。

调试与检修：接通电源以后，按动正转启动按钮、反转启动按钮电动机正常旋转。如果不能正常旋转，应该检查交流接触器、热继电器是否毁坏，按钮开关是否毁坏，如果毁坏则直接进行更换，电路比较简单，维修也比较方便。如果只能正向启动，不能反向启动，说明是它对应的电路出现了问题，只要检查相应的启动按钮开关和交流接触器就可以了。

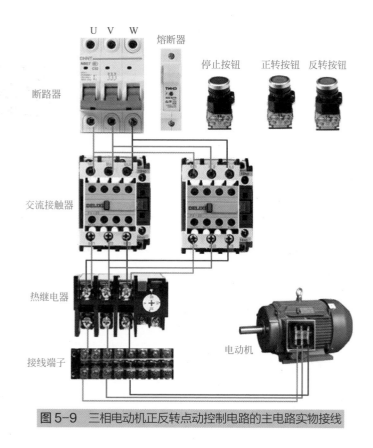

图 5-9　三相电动机正反转点动控制电路的主电路实物接线

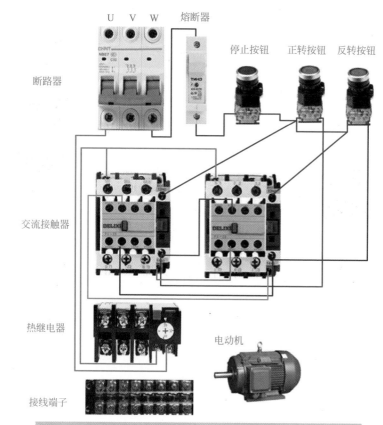

图 5-10　三相电动机正反转点动控制电路的控制电路实物接线

四、交流接触器联锁三相电机正反转启动运行电路

交流接触器联锁三相电动机正反转启动运行电路如图5-11所示。按下 SB2，正向交流接触器 KM1 通电动作，主触点闭合，使

电动机正转。按下停止按钮 SB1，电动机停转。按下 SB3，反向交流接触器 KM2 通电动作，其主触点闭合，使电动机定子绕组与正转时的相序相反，则电动机反转。交流接触器的常闭辅助触点互相串联在对方的控制电路中进行联锁控制。这样当

KM1 通电时，由于 KM1 的常闭触点打开，使 KM2 不能通电。此时即使按下 SB3 按钮，也不能造成短路，反之也是一样。交流接触器辅助触点的这种互相制约关系称为"联锁"或"互锁"。

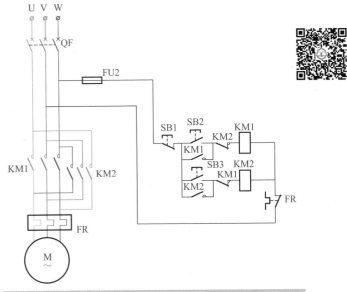

图 5-11　交流接触器联锁三相电动机正反转启动运行电路

 注意

对于此种电路，如果电动机正在正转，想要反转，必须先按停止按钮 SB1 后，再按反向按钮 SB3 才能实现。

如图 5-12 和图 5-13 所示为交流接触器联锁三相电动机正反转启动运行电路主电路接线和控制电路接线。

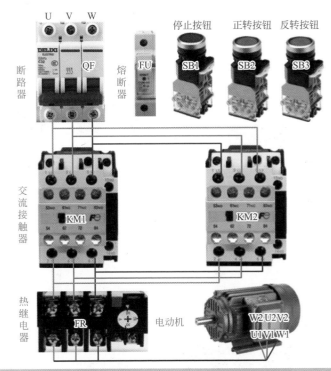

图 5-12　交流接触器联锁三相电动机正反转启动运行电路主电路接线

调试与检修：接通电源，按动顺启动按钮开关，顺启动交流接触器应吸合，电动机能够旋转。按动停止按钮开关，再按动逆启动按钮开关时，逆启动交流接触器应工作，电动机应能够旋转。如果不能够正常顺启动，检查顺启动交流接触器是否毁坏，如果毁坏则进行更换。同样，如果不能够进行逆启动，检查逆启动交流接触器是否毁坏。如果没有毁坏，看按钮开关是否毁坏，如果都没有毁坏，说明是电动机出现了故障。无论是顺启动还是逆启动，电动机都能够启动运行，说明电动机没有故障，是交流接触器和它相对应的按钮开关出现了故障，应进行更换。

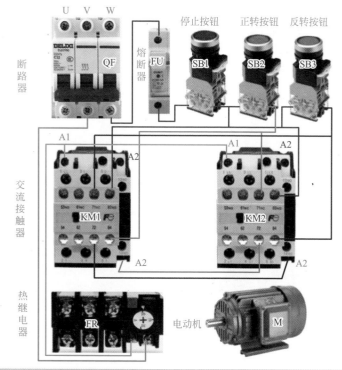

图 5-13　交流接触器联锁三相电动机正反转启动运行电路控制电路接线

五、用复合按钮开关实现直接控制三相电动机正反转控制电路

如图 5-14 所示，按下 SB2，正向交流接触器 KM1 得电动

作，主触点闭合，使电动机正转。按下停止按钮 SB1，电动机停转。按下 SB3，反向交流接触器 KM2 得电动作，其主触点闭合，使电动机定子绕组与正转时相序相反，则电动机反转。

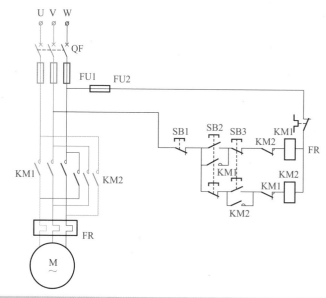

图 5-14　用复合按钮开关实现直接控制三相电动机正反转电路图

交流接触器的常闭辅助触点互相串联在对方的控制电路中进行联锁控制。这样当 KM1 通电时，由于 KM1 的常闭触点打开，KM2 不能通电。此时即使按下 SB3 按钮，也不能造成短路，反之也是一样。交流接触器辅助触点的这种互相制约关系称为"联锁"或"互锁"。

按下 SB2 时，只有 KM1 可通电动作，同时 KM2 回路被切断。同理按下 SB3 时，只有 KM2 通电，同时 KM1 回路被切断。

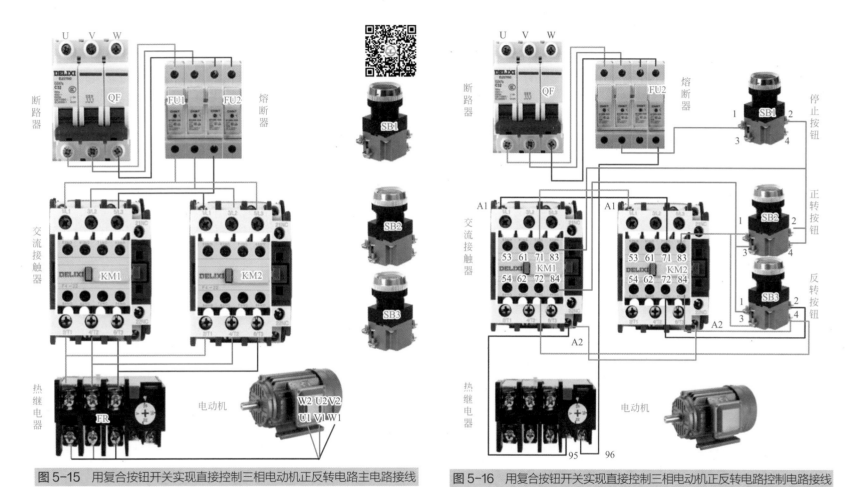

图 5-15 用复合按钮开关实现直接控制三相电动机正反转电路主电路接线

图 5-16 用复合按钮开关实现直接控制三相电动机正反转电路控制电路接线

采用复合按钮，可以起到联锁作用，起到了正反转的双重保护。用复合按钮开关实现直接控制三相电动机正反转电路主回路和控制回路接线如图 5-15 和图 5-16 所示。

调试与检修：利用复合按钮开关进行控制的顺启动和逆启动控制电路，在顺启动和逆启动时不需要按动停止按钮开关，就可以进行顺启动和逆启动。实际在检修时，当接通电源电动机不能够启动时，应该首先用万用表的欧姆挡去检查熔断器是否熔断，接触器的线圈、接点是否毁坏，按钮开关的接点是否毁坏（由于使用的是复合按钮开关，应该把它的常开触点和常闭触点全部测量一遍），热继电器的接点是否毁坏。若上述元件用欧姆挡测量均未发现毁坏，应检查电动机的阻值是否异常。若均未发现故障，可以应用电压测量法，检测空开的下端，熔断器、交流接触器的上端和下端电压，热继电器的上端和下端电压，电动机的电压，这就是电压跟踪法。检测到哪一级没有电压，就检查相应级的控制元件。比如检测到逆启动控制交流接触器的上端有电压，下端没有电压，首先判定逆启动交流接触器是否接通，如果没有接通，应检查逆启动按钮开关是否正常，逆启动的交流接触器的线圈是否毁坏，当元件均没有毁坏，按下逆启动按钮开关，交流接触器应能够吸合，它的下端就应该有电压。这是电压跟踪法的检修步骤。

六、三相电动机正反转自动循环电路

如图5-17所示，按动正向启动按钮开关SB2，交流接触器KM1通电动作并自锁，电动机正转使工作台前进。当运动到ST2限定的位置时，挡块碰撞ST2的触头，ST2的常闭触点断开使KM1断电，于是KM1的常闭触点复位闭合，关闭了对KM2线圈的互锁。ST2的常开触点闭合使KM2通电自锁，且KM2的常闭触点断开将KM1线圈所在支路断开（互锁），这样电动机开始反转使工作台后退。当工作台后退到

ST1限定的极限位置时，挡块碰撞ST1的触头，KM2断电，KM1又通电动作，电动机又转为正转，如此往复。SB1为整个循环运动的停止按钮开关，按动SB1自动循环停止。

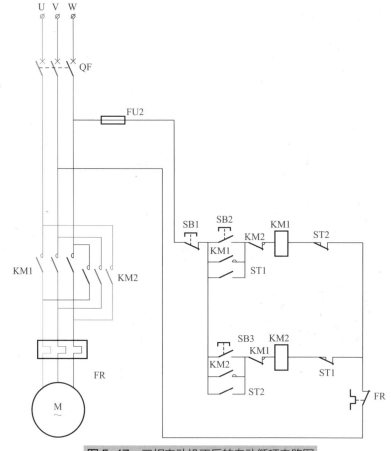

图5-17　三相电动机正反转自动循环电路图

三相电动机正反转自动循环电路主电路和控制电路接线如图 5-18 和图 5-19 所示。

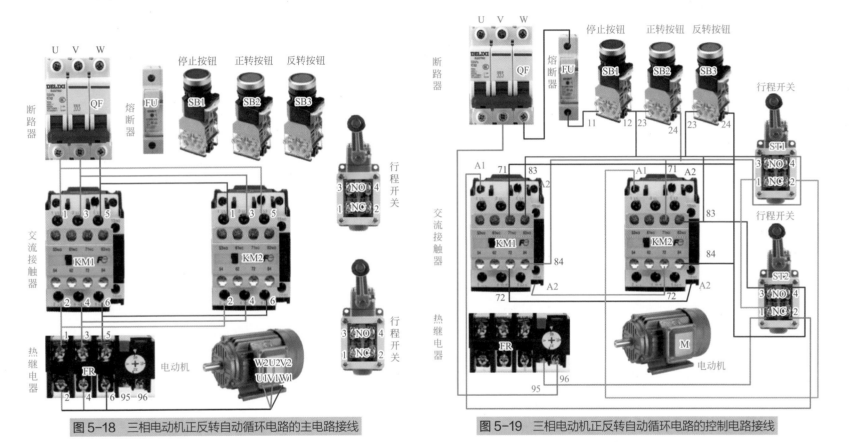

图 5-18 三相电动机正反转自动循环电路的主电路接线

图 5-19 三相电动机正反转自动循环电路的控制电路接线

调试与检修：接通电源以后，直接按动任意交流接触器，电动机应可以转动，如不能转动，说明故障在主电路，可用直观检查法或万用表电压跟踪法检修；若电动机可以转动，说明故障在控制电路，检查行程开关和按钮开关，用万用表测量接点应能正常接通和断开，若不能则为损坏，维修或更换即可。

七、行程开关正反转自动循环控制 电动机电路

行程开关正反转自动循环控制电动机电路如图5-20所示，它是用行程开关来自动实现电动机正反转的。组合机床、龙门刨床、铣床的工作台常用这种线路实现往返循环。

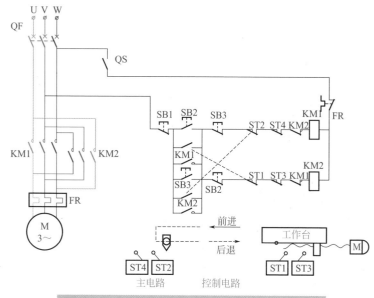

图5-20　行程开关正反转自动循环控制电动机电路

工作原理：ST1、ST2、ST3、ST4为行程开关，按要求安装在固定的位置上，当撞块压下行程开关时，其常开触点闭

合，常闭触点打开。其实这是按一定的行程用撞块压行程开关，代替了人按按钮。

按下正向启动按钮SB2，接触器KM1通电动作并自锁，电动机正转使工作台前进。当运行到ST2位置时，撞块压下ST2，ST2常闭触点断开使KM1断电，但ST2的常开触点闭合使KM2通电动作自锁，电动机反转使工作台后退。当撞块又压下ST1时，使KM2断电，KM1又通电动作，电动机又正转使工作台前进，这样可一直循环下去。

SB1为停止按钮，SB2与SB3为不同方向的复合启动按钮。之所以用复合按钮，是为了满足改变工作台方向时，不用按停止按钮可直接操作。行程开关ST2与ST4安装在极限位置，当由于某种故障，工作台到达ST1（或ST2）位置，未能切断KM2（或KM3）时，工作台将继续移动到极限位置，压下ST3（或ST4），此时最终把控制电路断开，使ST3、ST4起限位保护作用。

上述这种用行程开关按照机床运动部件的位置或机件的位置变化所进行的控制，称作按行程原则的自动控制，或称行程控制。行程控制是机床和生产自动线应用较为广泛的控制方式。

电路接线如图5-21和图5-22所示。

调试与检修：接通电源以后，直接按动任意交流接触器，电动机应可以转动。如不能转动，说明故障在主电路，可用直观检查法或万用表电压跟踪法检修；若电动机可以转动，说明故障在控制电路，用万用表检查四只行程开关和按钮开关，测量接点能否正常接通和断开，若不能则为损坏，维修或更换即可。

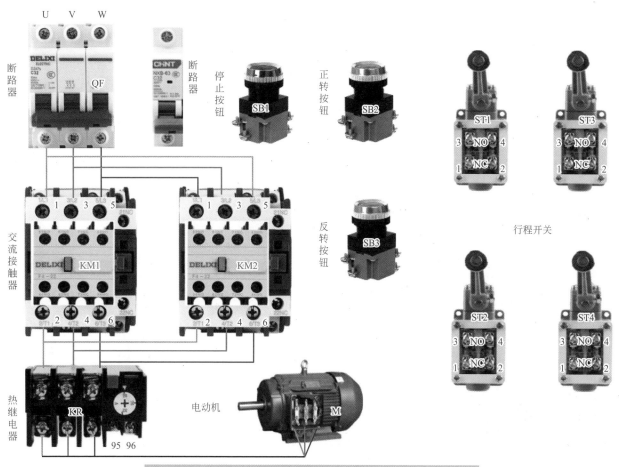

U V W

断路器

DELIXI
C32
QF

断路器

停止按钮 SB1

正转按钮 SB2

反转按钮 SB3

交流接触器

KM1   KM2

热继电器 KR

95 96

电动机 M

ST1   ST3

ST2   ST4

行程开关

图5-21 行程开关正反转自动循环控制电动机电路的主电路接线

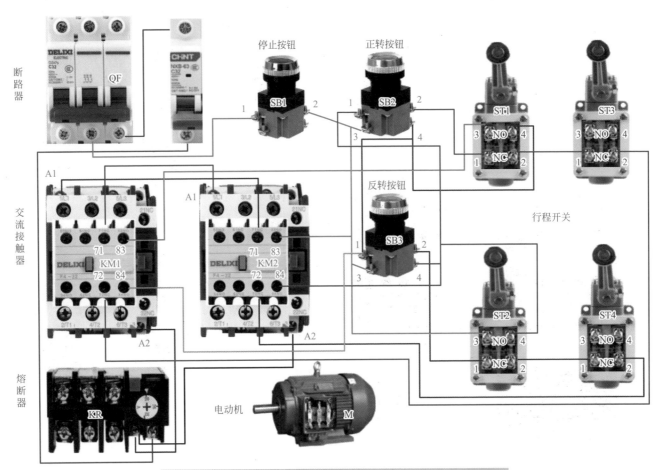

图 5-22　行程开关正反转自动循环控制电动机电路的控制电路接线

八、电动机正反转到位返回控制电路

如图 5-23 所示为电动机正反转到位返回控制电路原理图。接通电源，闭合 QF1，按压启动开关 SB，此时电源通过 QF1、FR、XM1（ST）行程开关常闭触点（动断触点）、SB、KM2 常闭触点使 KM1 通电吸合，KM1 主触点吸合，使电动机启动正向运行，与 SB 并联 KM1 辅助触点闭合自锁，与 KM2 线圈相连的触点断开，实现互锁，防止 KM2 动作。当电动机运行到位时，触动行程开关（限位开关）XM1（ST），则其常闭触点断开，KM1 断电，XM1 常开触点接通、KM1 常闭触点接通，KM2 通电吸合，主触点闭合控制电动机反转，与 KM1 线圈相连的辅助触点断开互锁。当电动机回退到位时，触动 XM3（限位开关），触点断开，KM2 线圈失电断开，电动机停止运行。

如图 5-24 和图 5-25 所示为电动机正反转到位返回控制电路的主电路和控制电路接线。

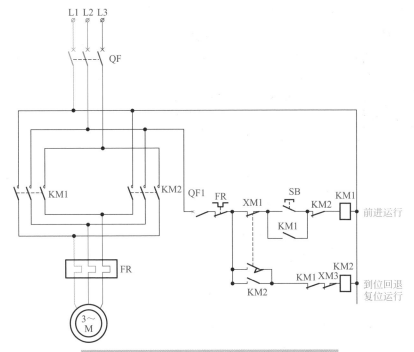

图 5-23　电动机正反转到位返回控制电路原理图

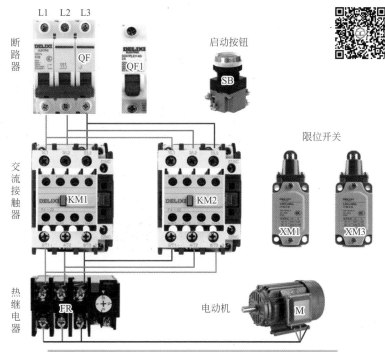

图 5-24　电动机正反转到位返回控制电路的主电路接线

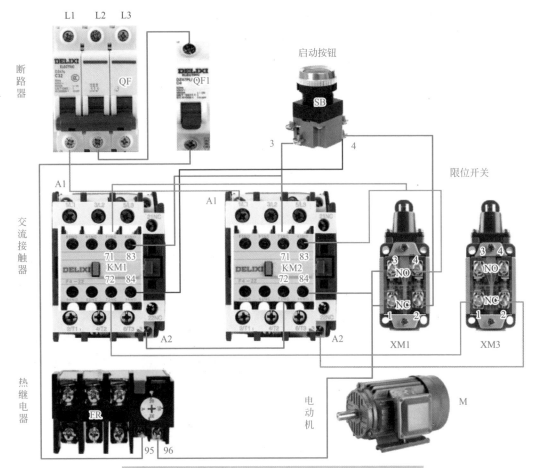

图 5-25 电动机正反转到位返回控制电路的控制电路接线

第六章

电动机制动和保护电路接线

一、电磁抱闸制动控制电路

电磁抱闸制动控制电路如图 6-1 所示。

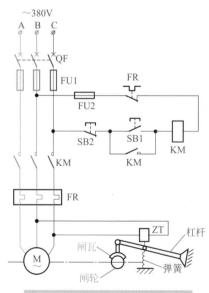

图 6-1 电磁抱闸制动控制电路

工作原理：按下按钮 SB1，交流接触器 KM 线圈得电动作，给电动机通电。电磁抱闸的线圈 ZT 也得电，铁芯吸引衔铁而闭合，同时衔铁克服弹簧拉力，使制动杠杆向上移动，让制动器的闸瓦与闸轮松开，电动机正常工作。按下停止按钮 SB2 之后，交流接触器 KM 线圈失电释放，电动机的电源被切断，电磁抱闸的线圈也失电，衔铁释放，在弹簧拉力的作用下使闸瓦紧紧抱住闸轮，电动机就迅速被制动停转。这种制动在起重机械上应用很广，当重物吊到一定高处，线路突然发生故障断电时，电动机断电，电磁抱闸线圈也失电，闸瓦立即抱住闸轮，使电动机迅速制动停转，从而可防止重物掉下。另外，也可利用这一特点使重物停留在空中某个位置上。

电磁抱闸制动控制电路接线如图 6-2 所示。

调试与检修：组装完成后，首先检查连接线是否正确，当确认连接线无误后，闭合总开关 QF，按动启动按钮开关 SB1，此时电动机应能启动。若不能启动，先检查供电是否正常，熔断器是否正常，如都正常则应检查 KM 线圈回路所串联的各接点开关是否正常，不正常应查找原因，若有损坏应更换。

正常运行后，按动停止按钮开关 SB2，此时电动机若能即刻停止，说明电路制动正常，如不能停止，应看制动电磁铁是否损坏。

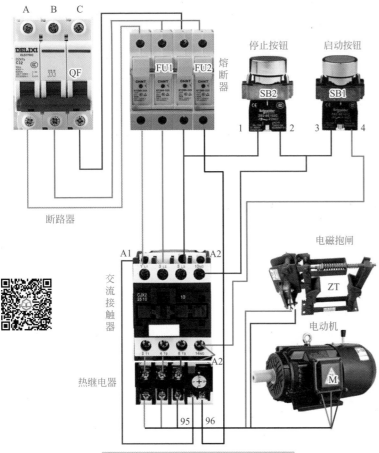

图6-2　电磁抱闸制动控制电路接线

多数起重机械会应用到此控制电路，也就是说只要将此电路与正反转电路组合在一起，就可以构成电动起重机控制电路。

二、电动机短接制动电路

工作原理：短接制动是电磁制动的一种。其控制电路如图6-3所示。

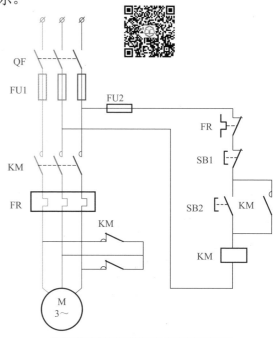

图6-3　电动机短接制动控制电路

启动时，合上电源开关 QF，按动启动按钮开关 SB2，此时交流接触器 KM 通电吸合并自锁，其两对常闭辅助触点断开，对电路无影响，主触点闭合，电动机启动运行。

需要停机时，按动停止按钮开关 SB1，交流接触器 KM 断电，其主触点断开，电动机 M 的电源被切断，KM 的两对常闭触点将电动机定子绕组短接，此时转子在惯性作用下仍然转动。由于转子存在剩磁，因而形成转子旋转磁场，在切割定子绕组后，在定子绕组里产生感应电动势，因定子绕组已被 KM 短接，所以在定子绕组回路中就有感应电流，该电流产生旋转磁场，与转子旋转磁场相互作用，产生制动转矩迫使转子迅速停止。

电动机短接制动电路实物接线图如图 6-4 所示。

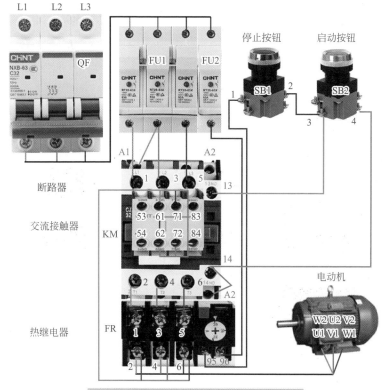

图 6-4　电动机短接制动电路实物接线图

调试与检修：接通电源以后，如果电动机不能够进行运转，主要检查交流接触器 KM 线圈是否接通，SB2 的触点是否接通，按钮 SB1 是否接通。当这些元件没有毁坏的时候，按动 SB2，交流接触器 KM 应该吸合，电动机应能够通电。当断电的时候，如果不能够实现反接制动，检查交流接触器 KM 的两个常闭触点是否处于接通状态，如果没有处于接通状态，应该检修 KM 触点，或更换交流接触器 KM。

三、自动控制能耗制动电路

自动控制能耗制动电路如图 6-5 所示。能耗制动是在三相异步电动机要停车时切除三相电源的同时，把定子绕组接通直流电源，在转速为零时切除直流电源。控制线路就是为了实现上述的过程而设计的，这种制动方法，实质上是把转子原来储存的机械能转变成电能，又消耗在转子的制动上，所以称为能耗制动。

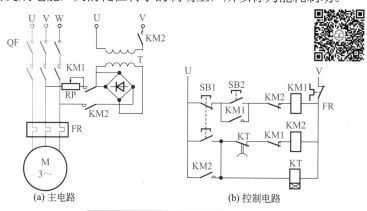

(a) 主电路　　(b) 控制电路

图 6-5　自动控制能耗制动电路

图 6-5 所示为复合按钮与时间继电器实现能耗制动的控制线路。其中整流装置由变压器和整流元件组成，KM2 为制动用交流接触器。要停车时按动 SB1 按钮开关，到制动结束放开按钮开关。控制线路启动 / 停止的工作过程如下：

主电路：合上 QF → 主电路和控制电路接通电源→变压器需经 KM2 的主触点接入电源（初级）和定子线圈（次级）。

控制电路：

① 启动：按动 SB2，KM1 通电，电动机正常运行。

② 能耗制动：按动 SB1，KM1 断电，电动机脱离三相电源。KM1 常闭触点复原，KM2 通电并自锁，（通电延时）时间继电器 KT 通电。KM2 主触点闭合，电动机进入能耗制动状态，电动机转速下降，KT 整定时间到，KT 延时断开常闭触点（动断触点）断开，KM2 线圈失电，能耗制动结束。

自动控制能耗制动电路主电路接线如图 6-6 所示，控制电路接线如图 6-7 所示。

调试与检修：组装完成后，首先检查连接线是否正确，当确认连接线无误后，闭合总开关 QF，按动启动按钮开关 SB2，此时电动机应能启动。若不能启动，首先检查 KM1 的线圈是否毁坏，按钮开关 SB2、SB1 是否能正常工作，时间继电器是否毁坏，KM2 的触点是否接通。

当 KM1 的线圈通路是良好的，接通电源以后按动 SB2，电动机应该能够运转。当断电时不能制动，主要检查 KM2 和时间继电器的触点及线圈是否毁坏。当 KM2 和时间继电器的线

圈没有毁坏的时候，检查变压器是否能正常工作，用万用表检测变压器的初级线圈和变压器的次级线圈是否有断路现象。如果变压器初级、次级线圈无断路现象，应该检查整个电路是否正常工作。如果整个电路中的整流元件没有毁坏，检查制动电阻 RP 是否毁坏，若制动电阻 RP 毁坏，应该更换 RP 制动电阻。整流二极管如果毁坏，应该用同型号的、同电压值的二极管进行更换，注意极性不能接反。

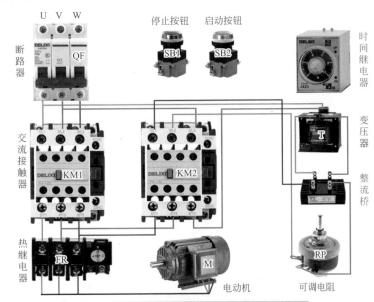

图 6-6　自动控制能耗制动电路主电路接线

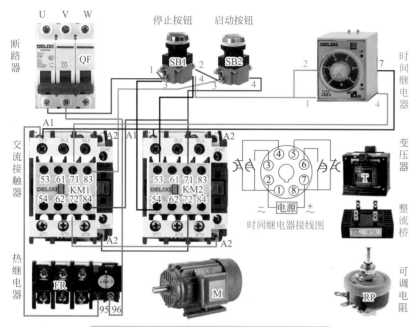

图 6-7　自动控制能耗制动电路控制电路接线

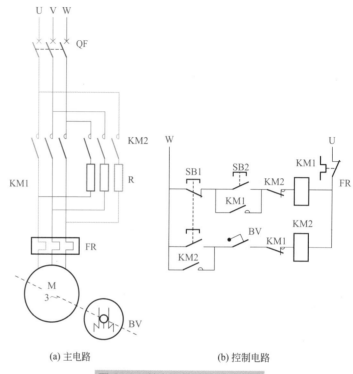

(a) 主电路　　　(b) 控制电路

图 6-8　单向运转反接制动电路

四、单向运转反接制动电路

单向运转反接制动电路如图 6-8 所示。反接制动实质上是改变异步电动机定子绕组中的三相电源相序，产生与转子转动方向相反的转矩，因而起制动作用。

反接制动过程：当想要停车时，首先将三相电源切换，然后当电动机转速接近零时，再将三相电源切除。控制线路就是要实现这一过程。

控制线路是用速度继电器来"判断"电动机的停与转的。电动机与速度继电器的转子是同轴连接在一起的，电动机转动时速度继电器的常开触点闭合，电动机停止时该常开触点打开。

正常工作时，按下 SB2，KM1 通电（电动机正转运行），BV 的常开触点闭合。需要停止时，按下 SB1，KM1 断电，KM2 通电（开始制动），电动机转速为零时，BV 复位，KM2

断电（制动结束）。因电动机反接制动电流很大，故在主电路中串接 R，可防止制动时电动机绕组过热。单向运转反接制动电路主电路接线和控制电路接线如图6-9、图6-10所示。

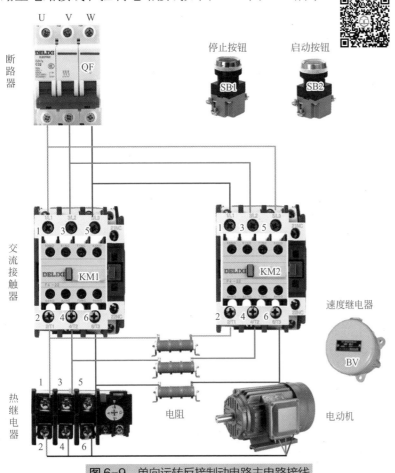

图 6-9　单向运转反接制动电路主电路接线

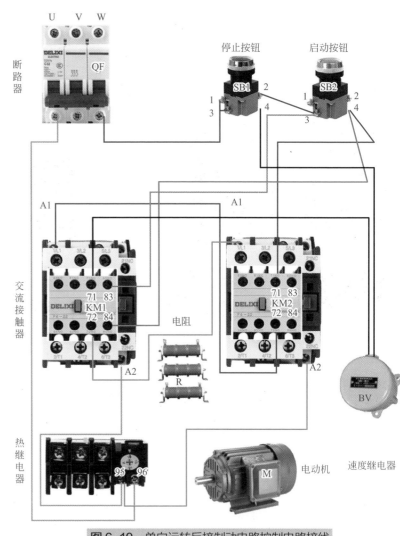

图 6-10　单向运转反接制动电路控制电路接线

调试与检修：正向运转是由 KM1 进行控制的，断电后由速度继电器控制反接制动交流接触器 KM2 吸合，然后给电动机中加反向电压进行制动。当接通电源以后，如果不能够正常启动，主要检查 KM1 通路，KM2 常闭触点（动断触点）以及 SB2、SB1 是否毁坏，如果毁坏则更换这些元器件。当 KM1 线圈通路元件良好时，按动 SB2 电动机应该能够运转。当按动 SB2 不能实现反接制动时，应检查 BV 是否毁坏，检查 BV 的接点是否正常接通或断开，检查 KM1 的常闭触点（动断触点）是否损坏，检查 KM2 的线圈是否断路或短路。当 KM2 线圈回路中的元器件没有毁坏时，断开电源 SB1，应该能够正常进行反接制动，KM2 能够吸合，通过给电动机加入反向电压，加入反向磁场，从而实现制动。当制动电阻毁坏时，也不能进行反接制动，在检测时，当 KM2 线圈通路良好时检查电阻是否毁坏，如毁坏应该用同功率、同阻值的电阻更换。

五、中间继电器控制的缺相保护电路

图 6-11 所示是由一只中间继电器构成的缺相保护电路。

工作原理：当合上三相空气开关 QF 以后，三相交流电源中的 L2、L3 两相电压加到中间继电器 KA 线圈两端使其得电吸合，则 KA 常开触点闭合。如果 L1 相因故障缺相，则 KM 交流接触器线圈失电，则 KM 的两个常开触点均断开；若 L2 相或 L3 相缺相，则中间继电器 KA 和交流接触器 KM 线圈同时失电，它

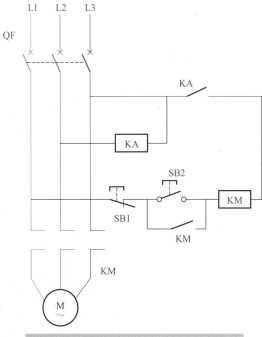

图 6-11　中间继电器控制的缺相保护电路

们的触点会同时断开，从而起到了保护作用。

中间继电器控制的缺相保护电路实物接线如图 6-12 所示。

调试与检修：检修时，接通电源以后，按动 SB2，KM 不能吸合，检查中间继电器是否良好，它的接点是否良好，按钮开关 SB2、SB1 是否良好，发现任何一个元件有不良或毁坏现象，都应该进行更换。

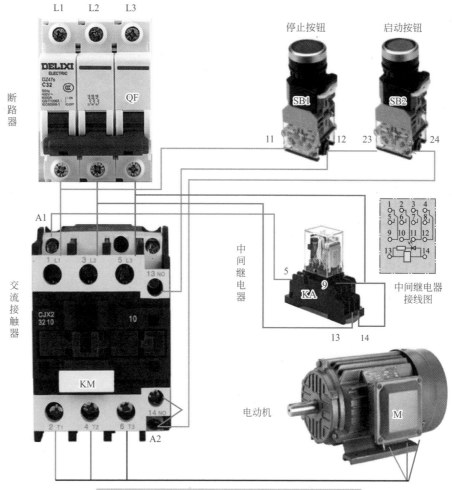

图6-12 中间继电器控制的缺相保护电路实物接线

第七章

变频器接线

一、单相变频器用于单相电动机启动运行控制电路

单相 220V 进单相 220V 输出变频器用于单相电动机启动运行控制电路原理图如图 7-1 所示。

由于电路直接输出 220V，因此输出端直接接 220V 电动机即可，电动机可以是电容运行电动机，也可以是电感启动电动机。

它的输入端为 220V 直接接至 L1、N1 两端，输出端输出为 220V，是由 L2、N2 端子输出的。当正常接线以后，正确设定变频器工作参数后，电动机就可以按照正常工作运行。对于外边的按钮开关、接点，某些功能是可以不接的：比如外部调整电位器，如果不需要远程控制，根本不需要在外部端子上接调整电位器，而是直接使用控制面板上的电位器；比如 PID 功能，如果外部没有压力、液位、温度调整和调速，只需要接电动机的正向运转就可以了，然后接调速电位器。

单相 220V 进单相 220V 输出变频器电路接线如图 7-2 所示。

调试与检修：当变频器出现问题后，直接用万用表测量输入电压，断路器合闸 L1、N1 上就应该有输入电压，按动相关按钮开关以后，变频器应该有输出电压。若参数设置正确，应

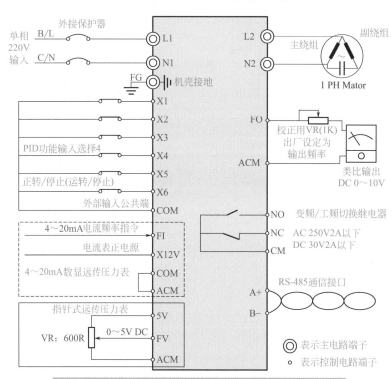

图 7-1 单相 220V 进单相 220V 输出变频器电路原理图

该是变频器的故障，可以更换或检修变频器。

机上一般标有 Y/ △（接线时注意看电机接线图），使用的是

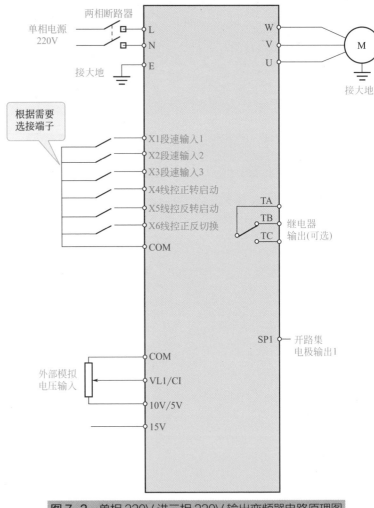

图 7-2 单相 220V 进单相 220V 输出变频器电路接线

驱动220V电容电动机，变频器的L2和N2直接接电动机电源线即可

接到电动机电源线

220V电源输入　　单相220V输出

二、单相变频器用于 380V 电动机启动运行控制电路

单相 220V 进三相 220V 输出变频器用于 380V 电动机启动运行控制电路原理图如图 7-3 所示。

 注意

不同变频器的辅助功能、设置方式及更多接线方式需要查看使用说明书。

图 7-4 所示为单相 220V 进三相 220V 输出的变频器接三相电动机的接线电路，所有的端子是根据需要来设定的，电动

图 7-3 单相 220V 进三相 220V 输出变频器电路原理图

380V 和 220V 的标识。当使用 220V 进三相 220V 输出的时候，需要将电动机接成 220V 的接法，即接成三角形接法。一般情况下，小功率三相电动机使用星形接法就为 380V，使用三角形接法为 220V。当 U1、V1、W1 接相线输入，W2、U2、V2 相接在一起形成中心点的时候，为星形接法。输入电压应该是两个绕组的电压之和，为 380V。如果要接入 220V 变频器，应该变成三角形接法，U1 接 W2，V1 接 U2，W1 接 V2，这样形成一个三角形接法，内部组成三角形，此时输入的是一个绕组承受一相电压，这样承受的电压是 220V。

　　调试与检修：一般情况下，单相输入三相输出的变频器所带电动机功率较小，如果电动机上直接标出 220V 输入，则电动机输入线直接接变频器输出端子即可，如变频器单相输入三相 220V 输出，小功率电动机 380V 星形接法需改为 220V 三角形接法，否则电动机运行时无力，甚至带载时有停转现象。

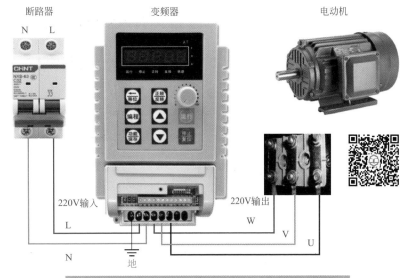

图 7-4　单相 220V 进三相 220V 输出变频器实物接线

 知识拓展：电动机星形连接与三角形连接

　　电动机铭牌上会标有 丫/△，说明电动机可以有两种接法，但工作电压不同。

　　（1）星形连接　指所有的相绕组具有一个共同的节点的连接。用符号 "丫" 表示，如图 7-5 所示。

　　（2）三角形连接　指三个相绕组接成一个三角形的连接，其各边的顺序即各相的顺序。三相异步电动机绕组的三角形连接用符号 "△" 表示，如图 7-6 所示。

　　（3）两种接法电压值　可以看出，采用三角形接法时线电压等于相电压，线电流约等于相电流的 1.73 倍；采用电动机星形接法时线电压约等于相电压的 1.73 倍，线电流等于相电流。

　　（4）两种接法比较

　　三角形接法：有助于提高电动机功率，但启动电流大，绕组承受电压大，增大绝缘等级。

　　星形接法：有助于降低绕组承受电压，降低绝缘等级，降低启动电流，但电动机功率减小。

　　在我国，一般 3 ~ 4kW 以下较小功率电动机都规定接成星形，较大功率电动机都规定接成三角形。当较大功率电动机轻载启动时，可采用 丫-△ 降压启动（启动时接成星形，运行时换

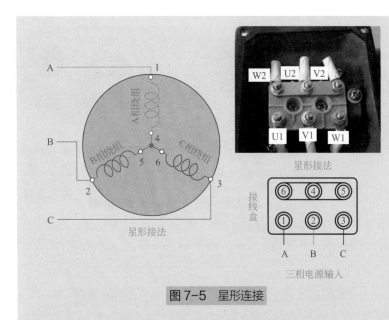

图 7-5　星形连接

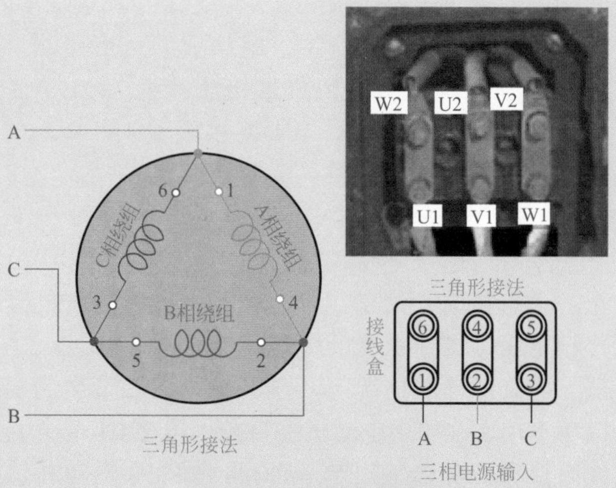

图 7-6　三角形连接

接成三角形），好处是启动电流可以降低到原来的 1/3。

　　注意：某些电动机接线盒内直接引出三根线，又没有铭牌时，说明其内部已经连接好，引出线是接电源输入线的，遇到此

种电动机接变频器时一定要拆开电动机，看一下内部接线是 丫 还是 △（一般引出线接一根线的接线头，内部有一节点接线为三根的为 丫；引出线接两根线的接线头，内部无单独的一节点接线的为 △），再接入变频器。

三、单相进三相输出变频器电动机启动运行控制电路

　　单相 220V 进三相 380V 输出变频器电动机启动运行控制电路原理图如图 7-7 所示。

　　提示：不同变频器的辅助功能、设置方式及更多接线方式

需要查看使用说明书。

　　由于输出是 380V，因此可直接在输出端接电动机。对于电动机来说，单相变三相 380V 多为小型电动机，直接使用星形接法即可。

　　单相 220V 进三相 380V 输出变频器电动机启动运行控制电路实际接线图如图 7-8 所示。

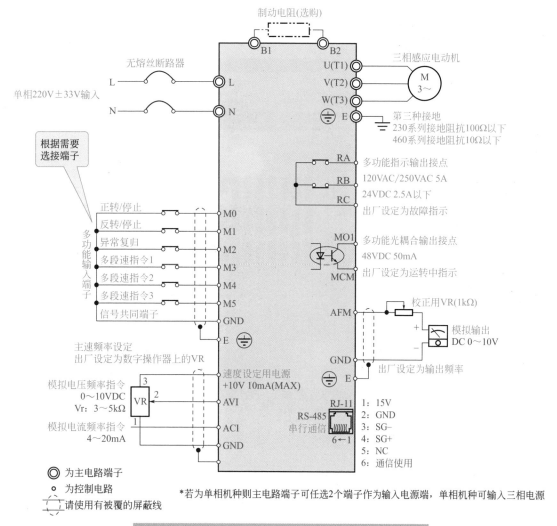

制动电阻(选购)

无熔丝断路器

单相220V±33V输入

B1　B2

U(T1)
V(T2)
W(T3)

三相感应电动机
M
3～

E　第三种接地
230系列接地阻抗100Ω以下
460系列接地阻抗10Ω以下

根据需要
选接端子

RA
RB　多功能指示输出接点
120VAC/250VAC 5A
RC　24VDC 2.5A以下
出厂设定为故障指示

正转/停止
反转/停止
异常复归
多段速指令1
多段速指令2
多段速指令3
信号共同端子

多功能输入端子

M0
M1
M2
M3
M4
M5
GND
E

MO1　多功能光耦合输出接点
48VDC 50mA
MCM　出厂设定为运转中指示

校正用VR(1kΩ)

AFM

＋　模拟输出
－　DC 0～10V

GND　出厂设定为输出频率

E

主速频率设定
出厂设定为数字操作器上的VR

速度设定用电源
+10V 10mA(MAX)

模拟电压频率指令
0～10VDC
Vr：3～5kΩ

VR
3
2
1

AVI

RJ-11
RS-485
串行通信

1：15V
2：GND
3：SG-
4：SG+
5：NC
6：通信使用

6←1

模拟电流频率指令
4～20mA

ACI

GND

◎ 为主电路端子

○ 为控制电路

请使用有被覆的屏蔽线

*若为单相机种则主电路端子可任选2个端子作为输入电源端，单相机种可输入三相电源

图 7-7 单相 380V 进三相 380V 输出变频器电路原理图

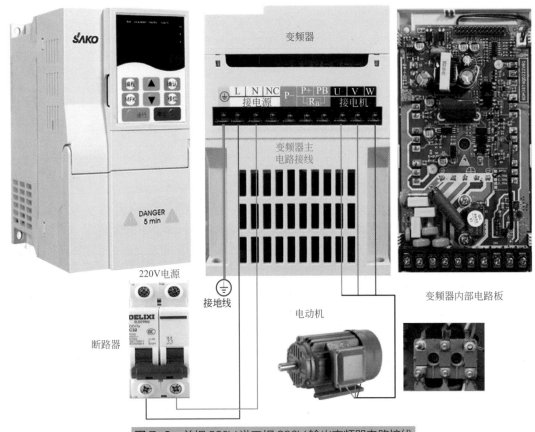

图 7-8　单相 220V 进三相 380V 输出变频器电路接线

四、三相变频器电动机启动控制电路

三相 380V 进三相 380V 输出变频器电动机启动控制电路原理图如图 7-9 所示。

注意

不同变频器的辅助功能、设置方式及更多接线方式需要查看使用说明书。

　　380V 输入和 380V 输出的变频器电路相对应的端子选择是根据所需要外加的开关完成的。如果电动机只需要正转启停，需要一个开关就可以了；如果需要正反转启停，需要接两个端子、两个开关。需要远程调速时需要外接电位器，如果在面板上可以实现调速，就不需要外接电位器。外接电路是根据功能接入的，一般情况下使用时，这些元器件可以不接，只要把电动机正确接入 U、V、W 就可以了。

　　主电路输入端子 R、S、T 接三相电的输入，U、V、W 三相电的输出接电动机，一般在设备中接制动电阻，只要制动电阻消耗掉电能，电动机就可以停转。

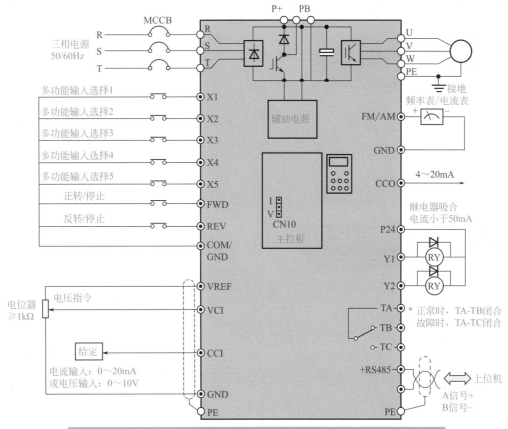

图 7-9　三相 380V 进三相 380V 输出变频器电动机启动控制电路原理图

三相 380V 进三相 380V 输出变频器电动机启动控制电路实际接线图如图 7-10 所示。

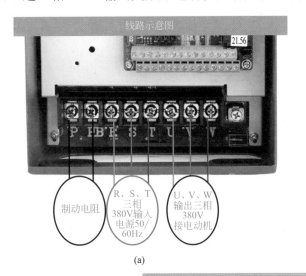

(a)

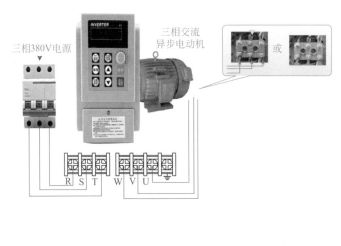

(b)

图 7-10　三相 380V 进三相 380V 输出变频器电动机启动控制电路接线图

五、带有自动制动功能的变频器电动机控制电路

（1）外部制动电阻连接端子［P+、PB］　一般小功率（7.5kW 以下）变频器内置制动电阻，且连接于 P+、PB 端子上，如果内置制动电流容量不足或要提高制动力矩，则可外接制动电阻。连接时，先从 P+、PB 端子上卸下内置制动电阻的连接线，并对其线端进行绝缘，然后将外部制动电阻接到 P+、PB 端子上，如图 7-11 所示。

（2）直流中间电路端子［P+、N(-)］　对于功率大于 15kW 的变频器，除外接制动电阻 PB 外，还需对制动特性进行控制，

以提高制动能力。方法是增设用功率晶体管控制的制动单元 BU 连接于 P+、N(-) 端子，如图 7-12 所示（其中 CM、THR 为驱动信号输入端）。

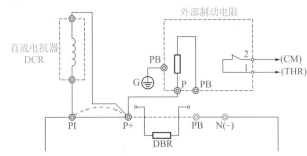

图 7-11　外部制动电阻的连接（7.5kW 以下）

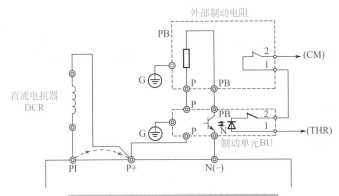

图7-12 直流电抗器和制动单元连接图

带有自动制动功能的变频器电动机控制电路实际接线如图7-13所示。

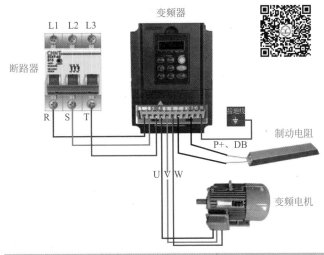

图7-13 带有自动制动功能的变频器电动机控制电路实际接线

六、沃葆变频器 1.7～5.5kW 三相 380V 水泵风机变频器接线

沃葆变频器 1.7～5.5kW 三相 380V 水泵风机变频器基本接线图如图 7-14 所示。

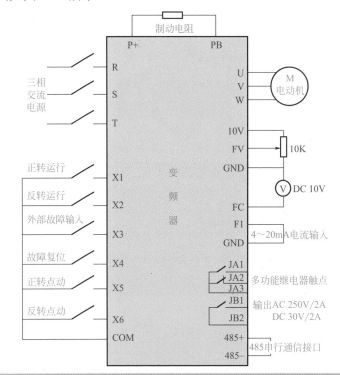

图7-14 沃葆变频器 1.7～5.5kW 三相 380V 水泵风机变频器基本接线图

沃葆变频器 1.7～5.5kW 三相 380V 水泵风机变频器外形和接线端子如图 7-15 所示。

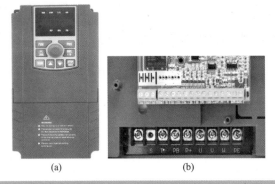

(a)　　　　　(b)

图 7-15　沃葆变频器 1.7 ～ 5.5kW 三相 380V 水泵风机
变频器外形和接线端子

沃葆变频器控制面板各部分功能及功能说明见图 7-16 和表 7-1。

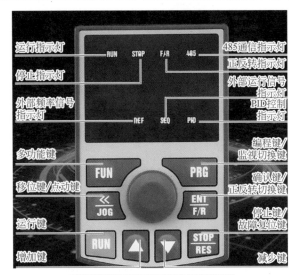

图 7-16　控制面板各部分功能

表 7-1　控制面板各部分功能说明

符号	按键名称	功能说明
<< JOG	移位键 / 点动键	在编程和修改频率时，此键作移位用；在正常待机状态下，按此键作点动运行变频器功能
RUN	运行键	按此键变频器开始运行
▲	增加键（UP）	编程和修改频率时，按此键数值增加
▼	减少键（DOWN）	编程和修改频率时，按此键数值减少
STOP RES	停止键 / 故障复位键	在正常运行状态下，按此键停止运行变频器；在故障保护模式下，按此键复位变频器
ENT F/R	确认键 / 正反转切换键	在编程时按此键读取数据，修改数据后按此键保存数据；在运行状态下，此键可作为正反转切换用
PRG	编程键 / 监视切换键	在正常工作状态下，按此键可切换频率、电流、电压等显示；在需要编程时，按此键 1s 后可进入或退出参数区

沃葆变频器 1.7 ～ 5.5kW 三相 380V 水泵风机变频器主电路接线如图 7-17 所示。

① 变频器在接线中按照图 7-18 所示进行正反转接线，直接接好电动机，然后用变频器轻触按键从菜单里面就可以设置正反转。对于变频器说明书里的控制端子设置，三线脉冲、两线控制，按照说明书设置一下控制端子即可。

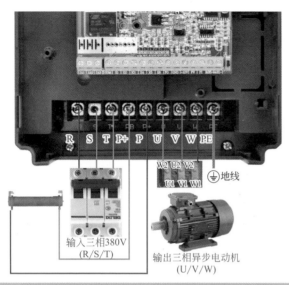

② 变频调速器和通信端子接线　如图 7-19 所示。

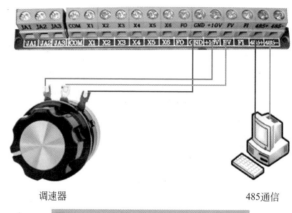

调速器　　　　　　　　　485通信

图 7-19　变频调速器和通信端子接线

图 7-17　沃葆变频器 1.7～5.5kW 三相 380V 水泵风机变频器主电路接线

七、万川 22kW/380V 矢量变频器接线

万川 22kW/380V 矢量变频器操作面板各部分功能如图 7-20 所示。

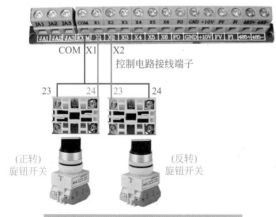

图 7-18　变频器正反转控制按钮接线

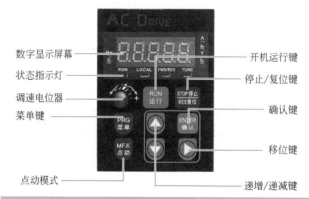

图 7-20　万川 22kW/380V 矢量变频器操作面板各部分功能

万川 22kW/380V 矢量变频器主电路实物接线如图 7-21 所示。

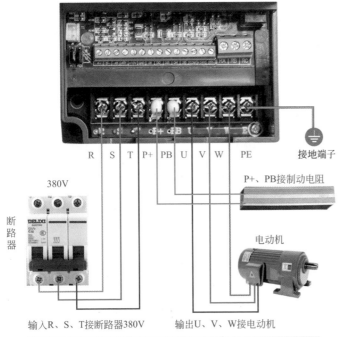

图 7-21　万川 22kW/380V 矢量变频器主电路实物接线

控制端子实物接线示意图如图 7-22 所示。

八、申瓯 7.5kW/380V 矢量变频器接线

申瓯 SOB-T500 系列变频器采用 DSP 控制系统，完成无速度传感器矢量控制，与 V/F 控制相比，矢量控制有更大的优越性，定位于中高端市场及特定要求的风机泵类负载应用。

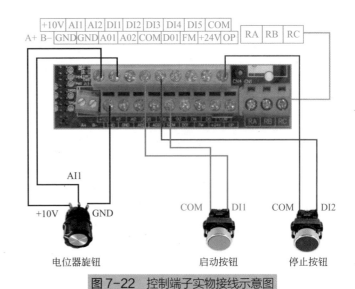

图 7-22　控制端子实物接线示意图

申瓯 7.5kW/380V 矢量变频器外形如图 7-23 所示。

图 7-23　申瓯 7.5kW/380V 矢量变频器外形

申瓯 7.5kW/380V 矢量变频器标准接线图如图 7-24 所示。

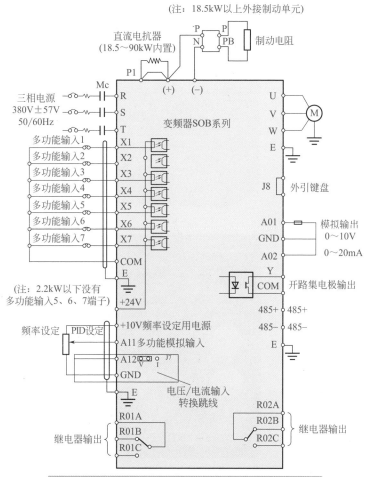

图 7-24 申瓯 7.5kW/380V 矢量变频器标准接线图

主电路端子实物接线如图 7-25 所示。

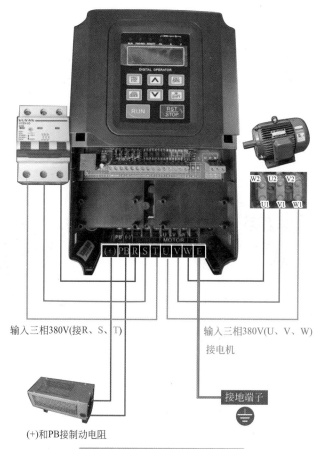

图 7-25 主电路端子实物接线

控制端子实物接线如图 7-26 所示。

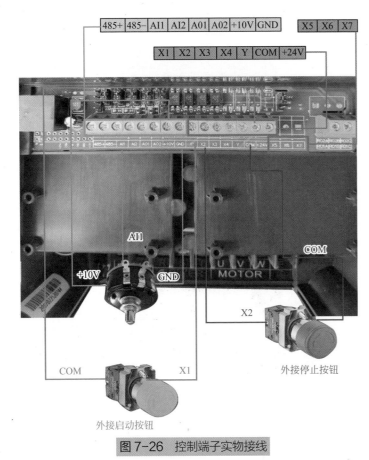

图 7-26　控制端子实物接线

九、正控三相 380V 通用变频器接线

正控三相 380V 通用变频器外形和操作面板按键功能如图 7-27 所示。

(a)

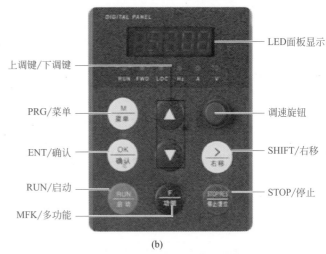

(b)

图 7-27　正控三相 380V 通用变频器外形和操作面板按键功能

LED面板显示

上调键/下调键

PRG/菜单　　调速旋钮

ENT/确认　　SHIFT/右移

RUN/启动　　STOP/停止

MFK/多功能

正控三相 380V 通用变频器接线示意图如图 7-28 所示。

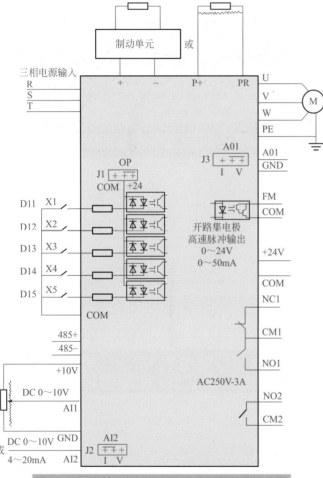

图 7-28　正控三相 380V 通用变频器接线示意图

正控三相 380V 通用变频器主电路接线图如图 7-29 所示。

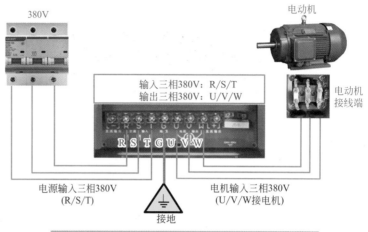

输入三相380V：R/S/T
输出三相380V：U/V/W

电源输入三相380V
（R/S/T）

电机输入三相380V
（U/V/W接电机）

接地

图 7-29　正控三相 380V 通用变频器主电路接线图

正控三相 380V 通用变频器外部端子的外接电位器接线如图 7-30 所示。

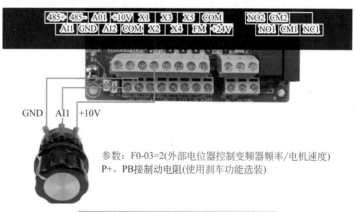

参数：F0-03=2(外部电位器控制变频器频率/电机速度)
P+、PB接制动电阻(使用刹车功能选装)

图 7-30　外部端子的外接电位器接线

外部端子的外接启动、停止、自复位按钮接线见图 7-31。

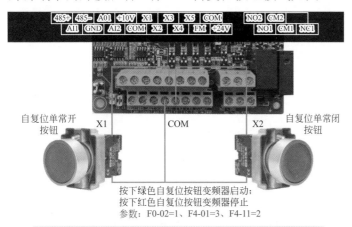

自复位单常开
按钮　　X1　　　　COM　　　X2　　自复位单常闭
　　　　　　　　　　　　　　　　　　　　按钮

按下绿色自复位按钮变频器启动；
按下红色自复位按钮变频器停止
参数：F0-02=1、F4-01=3、F4-11=2

图 7-31　外部端子的外接启动、停止、自复位按钮接线

外部端子的外接正反转旋钮开关接线如图 7-32 所示。

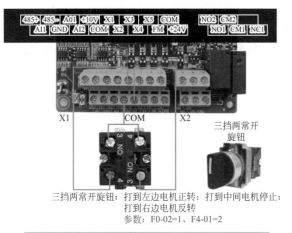

X1　　　　COM　　　X2

三挡两常开
旋钮

三挡两常开旋钮：打到左边电机正转；打到中间电机停止；
打到右边电机反转
参数：F0-02=1、F4-01=2

图 7-32　外部端子的外接正反转旋钮开关接线

外部端子的外接通断信号接线如图 7-33 所示。

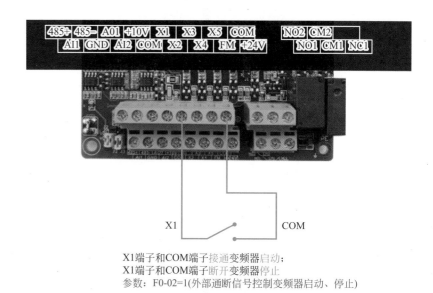

X1　　　　　　　COM

X1端子和COM端子接通变频器启动；
X1端子和COM端子断开变频器停止
参数：F0-02=1(外部通断信号控制变频器启动、停止)

图 7-33　外部端子的外接通断信号接线

十、通用型雕刻机 MN-C 单相 220V 变三相 220V 变频器接线

MN-C 单相 220V 变三相 220V 变频器外形和操作面板按键功能如图 7-34 所示。

主电路接线中输入单相220V：L1/L2，输出三相220V：U/V/W，主电路接线如图 7-35 所示。控制端子接线如图 7-36 所示。变频器外接调速和启停开关接线见图 7-37。

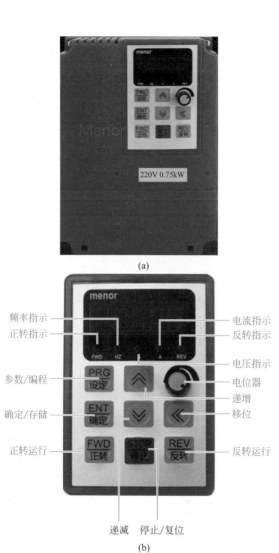

(a)

频率指示
正转指示
电流指示
反转指示

电压指示

参数/编程 —— PRG 设定

电位器
递增

确定/存储 —— ENT 确定

移位

正转运行 —— FWD 正转

反转运行 —— REV 反转

递减　停止/复位

(b)

图 7-34　MN-C 单相 220V 变三相 220V 变频器外形和操作面板按键功能

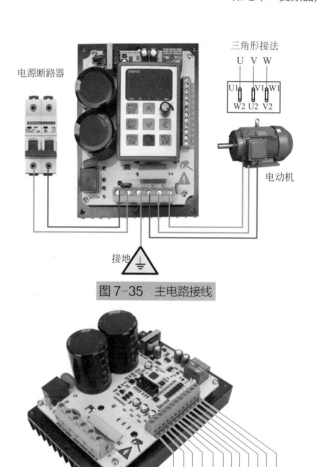

三角形接法

电源断路器

电动机

接地

图 7-35　主电路接线

图 7-36　控制端子接线

电位器电源负
电位器输入公共端子
电位器电源正
多功能输入
正转运行指令
反转运行指令
多段速运行指令一
多段速运行指令二
多段速运行指令三
继电器输出常开
继电器输出常闭
继电器输出公共端

109

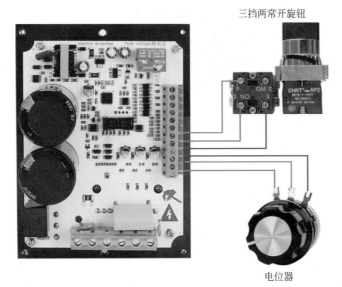

三挡两常开旋钮

电位器

同时按停止与向下键3s转换频率给定通道(面板调速/外接电位器调速);
同时按停止与向上键3s转换运行控制方式(面板启停/外接开关启停)

图 7-37　变频器外接调速和启停开关接线

十一、153 蓝腾变频器单相220V、三相380V水泵电机接线

蓝腾变频器外形如图 7-38 所示，内部结构分解图如图 7-39 所示。

蓝腾变频器接风机主电路接线如图 7-40 所示。图 7-41 为蓝腾变频器单相 220V 输入单相 220V 电机输出、单相 220V 输入三相 220V 电机输出、单相 220V 输入三相 380V 电机输出接线。

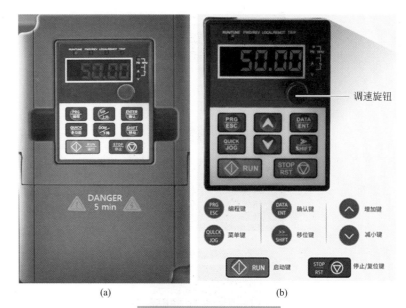

调速旋钮

(a)　　　　　　　　　　　　(b)

图 7-38　蓝腾变频器外形

图 7-39　蓝腾变频器内部结构分解图

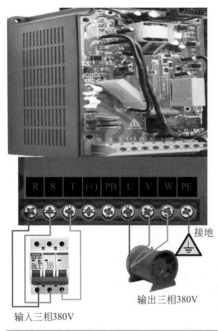

图 7-40　蓝腾变频器接风机主电路接线

单相220V输入单相220V电机输出

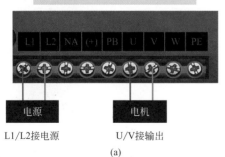

L1/L2接电源　　　　U/V接输出

(a)

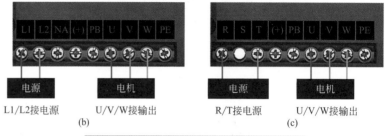

单相220V输入三相220V电机输出　　　　单相220V输入三相380V电机输出

L1/L2接电源　　　U/V/W接输出

(b)

R/T接电源　　　U/V/W接输出

(c)

图 7-41　蓝腾变频器接风机输出端子接线

① 变频器外接电位器接线如图 7-42 所示。

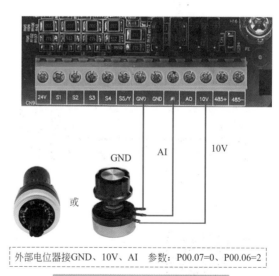

外部电位器接GND、10V、AI　　参数：P00.07=0、P00.06=2

图 7-42　变频器外接电位器接线

② 变频器外接启停按钮接线见图 7-43。

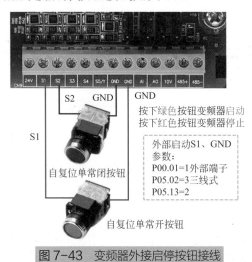

S2　GND　　　GND

按下绿色按钮变频器启动
按下红色按钮变频器停止

S1

外部启动S1、GND
参数：
P00.01=1外部端子
P05.02=3三线式
P05.13=2

自复位单常闭按钮

自复位单常开按钮

图 7-43　变频器外接启停按钮接线

③ 变频器外接正反转旋钮开关接线见图 7-44。

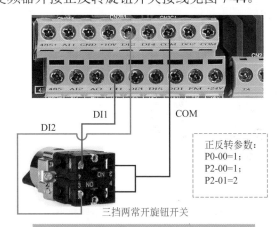

DI1　　　　　COM

DI2

正反转参数：
P0-00=1；
P2-00=1；
P2-01=2

三挡两常开旋钮开关

图 7-44　变频器外接正反转旋钮开关接线

十二、锦飞单相220V输入变三相380V输出变频器作为电源使用接线

单相 220V 输入变三相 380V 输出变频器（必须配正弦滤波器），此种接线方式变频器输出三相 380V 可当电源使用，可以给整台设备供电，如图 7-45 所示。

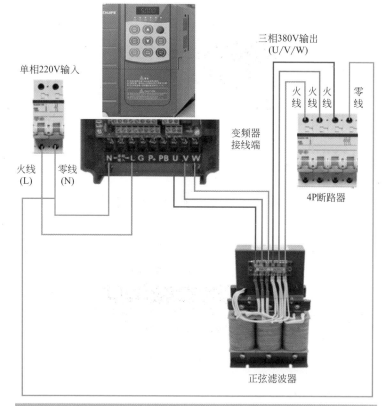

单相220V输入

三相380V输出
(U/V/W)

火线　火线　火线　零线

变频器
接线端

火线
(L)　零线
(N)

4P断路器

N L G P PB U V W

正弦滤波器

图 7-45　单相220V输入变三相380V输出变频器作为电源使用接线

十三、台达 2.2kW/380V 变频器与打包机电机接线

台达 2.2kW/380V 变频器与打包机电机主电路接线如图 7-46 所示。

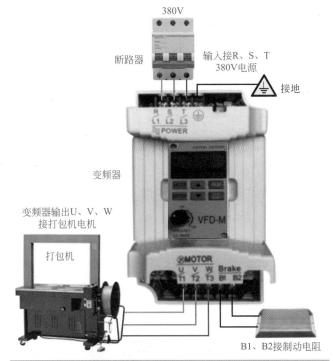

图 7-46　台达 2.2kW/380V 变频器与打包机电机主电路接线

台达 2.2kW/380V 变频器控制电路板结构和控制端子接线如图 7-47 所示。

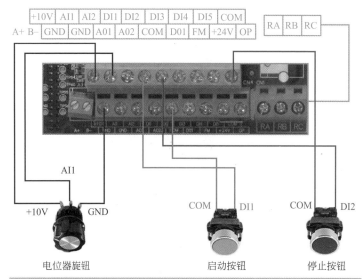

图 7-47　台达 2.2kW/380V 变频器控制电路板结构和控制端子接线

十四、变频恒压供水水泵控制柜接线

变频水泵控制柜系统通过测到的管道压力，经变频器系统内置的 PID 调节器运算，调节输出频率，然后实现管网的恒压供水变频器的频率超限信号（一般可作为管网压力极限信号）可适时通知 PLC 进行变频泵切换。为防止水锤现象的产生，泵的开关将联动其出口阀门。

恒压供水技术因采用变频器改变电动机电源频率，而通过调节水泵转速改变水泵出口压力，比靠调节阀门的控制水泵出口压力的方式，具有降低管道阻力的优点，可大大减少截流损失的效能。

变频恒压供水水泵控制柜各部分功能如图 7-48 所示。

变频恒压供水水泵控制柜接线如图 7-49 所示，输入接电源 R、S、T 三相火线，输出 U、V、W 接到水泵接线柱上。

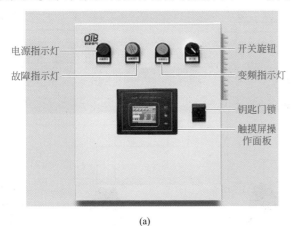

电源指示灯

故障指示灯

开关旋钮

变频指示灯

钥匙门锁

触摸屏操作面板

(a)

静音散热风扇

变频器

电源总开关

防尘罩

操作面板

电源输入

电源输出

压力表接口

(b)

图 7-48　变频恒压供水水泵控制柜各部分功能

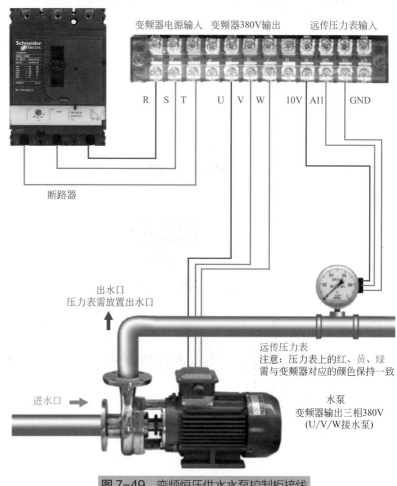

变频器电源输入　变频器380V输出　远传压力表输入

R　S　T　　U　V　W　　10V　AI1　GND

断路器

出水口
压力表需放置出水口

进水口

远传压力表
注意：压力表上的红、黄、绿需与变频器对应的颜色保持一致

水泵
变频器输出三相380V
(U/V/W接水泵)

图 7-49　变频恒压供水水泵控制柜接线

第八章

晶闸管控制软启动（软启动器）控制电路

一、电动机的启动方式

交流异步电动机的启动是指电动机接通电源到稳定运行的过程。电动机的启动分直接启动和启动器启动两种。

一般电动机启动的方式有以下几种。

1. 全压直接启动

电动机直接启动也称全压启动。电动机直接接入电网额定电压，电动机三相定子绕组在获得全部电压下启动。

在电网容量和负载两方面都允许全压直接启动的情况下，可以考虑采用全压直接启动。

全压直接启动的优点是操纵控制方便，维护简单，而且比较经济。主要用于小功率电动机的启动，从节约电能的角度考虑，功率大于 11kW 的电动机不宜用此方法启动。

2. 自耦降压启动

利用自耦变压器的多抽头降压，既能适应不同负载启动的需要，又能得到更大的启动转矩，是一种经常被用来启动较大容量电动机的降压启动方式。

它的最大优点是启动转矩较大，当其绕组抽头在 80% 处时，启动转矩可达直接启动时的 64%。并且可以通过抽头调节启动转矩，至今仍被广泛应用。

3. Y- △启动

对于正常运行的定子绕组为三角形接法的笼型异步电动机来说，如果在启动时将定子绕组接成星形，待启动完毕后再接成三角形，就可以降低启动电流，减轻它对电网的冲击。这样的启动方式称为星 - 三角降压启动，或简称为星 - 三角启动（Y- △启动）。

采用星 - 三角启动时，启动电流只是原来按三角形接法直接启动时的 1/3。如果直接启动时的启动电流以（6～7）I_e 计算，则采用星 - 三角启动时，启动电流才（2～2.3）I_e。也就是说采用星 - 三角启动时，启动转矩也降为原来按三角形接法直接启动时的 1/3。

Y- △启动适用于无载或者轻载启动的场合，并且同任何别的降压启动器相比较，其结构最简单，价格也最便宜。除此之外，星 - 三角启动方式还有一个优点，即当负载较轻时，可以让电动机在星形接法下运行。此时，额定转矩与负载可以匹配，这样能使电动机的效率有所提高，并因此节约了电力消耗。

4．软启动器启动

软启动器启动是利用了晶闸管的移相调压原理来实现电动机的调压启动，主要用于电动机的启动控制，启动效果好但成本较高。因使用了晶闸管元件，晶闸管工作时谐波干扰较大，对电网有一定的影响。软启动因为涉及电力电子技术，因此对维护技术人员的要求也较高。但随着我国电子科技的进步，软启动制造成本降低，使软启动得到了很大发展，在实际应用中开始逐步取代上述其他几种启动方式。

5．变频器启动

变频器是现代电动机控制领域技术含量高、控制功能全、控制效果好的电机控制装置，它通过改变电网的频率来调节电动机的转速和转矩。因为涉及电力电子技术、微机技术，所以成本高，对维护技术人员的要求也高，因此主要用在需要调速并且对速度控制要求高的领域。

二、西驰 CMC 晶闸管控制软启动（软启动器）控制电路

1．软启动（软启动器）控制电路原理

电动机软启动是运用串接于电源与被控电机之间的软启动器，控制其内部晶闸管的导通角，使电机输入电压从零以预设函数关系逐渐增加，直至启动结束，赋予电机全电压。在软启动过程中，电机启动转矩逐渐增加，转速也逐渐增加。

软启动器的电路可以比作是三相全控桥式整流电路。软启动器启动电动机时，晶闸管的输出电压逐渐增加，电动机逐渐加速，直到晶闸管全导通，电动机工作在额定电压的机械特性

上，实现平滑启动，降低启动电流，避免启动过电流跳闸。

软启动过程中等待电机达到额定转数时，电流会降到正常值，软启动器自动用旁路接触器取代已完成任务的晶闸管，这样启动过程也就结束了。使用了旁路接触器的软启动器可以更好地延长软启动器的使用寿命，提高其工作效率，又使电网避免了谐波污染，同时价格也比较便宜。

软启动器的软停车功能与软启动过程相反，电压逐渐降低，转数逐渐下降到零，避免自由停车引起的转矩冲击。

晶闸管控制的软启动器内部结构和主电路如图 8-1 所示。

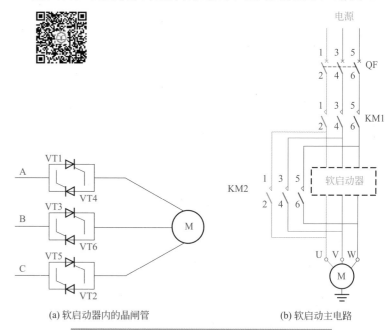

(a) 软启动器内的晶闸管　　　　(b) 软启动主电路

图 8-1　晶闸管控制的软启动器内部结构和主电路

在图 8-1 所示的晶闸管调压软启动主电路图中，调压电路由六只晶闸管（VT1 ~ VT6）中两两反向并联组成，串接在电动机的三相供电线路中。在启动过程中，晶闸管的导通角由软件控制。当启动器的微机控制系统接到启动指令后，便进行有关的计算，输出触发晶闸管的信号，通过控制晶闸管的导通角 θ，使启动器按照所设计的模式调节输出电压，使加在交流电动机三相定子绕组上的电压由零逐渐平滑地升至全电压。同时，电流检测装置检测三相定子电流并送给微处理器进行运算和判断，当启动电流超过设定值时，软件控制升压停止，直到启动电流下降到低于设定值之后，再使电动机继续升压启动。若三相启动电流不平衡并超过规定的范围，则停止启动。

当启动过程完成后，软启动器将旁路接触器 KM2 吸合，短路掉所有的晶闸管，使电动机直接投入电网运行，以避免不必要的电能损耗。

2. 实际应用的 CMC-L 软启动器电路

① CMC-L 软启动器外形及实际电路图如图 8-2 所示。软启动器端子 1L1、3L2、5L3 接三相电源，2T1、4T2、6T3 接电动机。当采用旁路接触器时，可采用内置信号继电器通过端子的引脚 6 和引脚 7 控制旁路接触器接通，完成电动机的软启动。

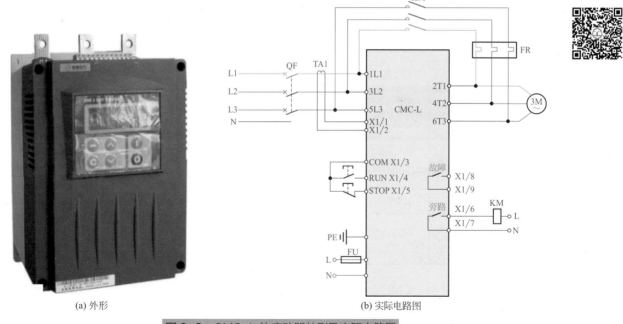

(a) 外形　　　　　　　　　(b) 实际电路图

图 8-2　CMC-L 软启动器外形及实际电路图

② CMC-L 软启动器端子说明如表 8-1 所示。CMC-L 软启动器有 12 个外引控制端子，为大家实现外部信号控制、远程控制及系统控制提供方便。

表 8-1　CMC-L 软启动器端子说明

	端子号	端子名称	说明
主电路	1L1、3L2、5L3	交流电源输入端子	接三相交流电源
	2T1、4T2、6T3	软启动输出端子	接三相异步电动机
控制电路	X1/1	电流检测输入端子	接电流互感器
	X1/2		
	X1/3	COM	逻辑输入公共端
	X1/4	外控启动端子（RUN)	X1/3 与 X1/4 短接则启动
	X1/5	外控停止端子（STOP)	X1/3 与 X1/5 断开则停止
	X1/6	旁路输出继电器	输出有效时 K21–K22 闭合，接点容量为 AC 250V/5A、DC 30V/5A
	X1/7		
	X1/8	故障输出继电器	输出有效时 K11–K12 闭合，接点容量为 AC 250V/5A、DC 30V/5A
	X1/9		
	X1/10	PE	功能接地
	X1/11	控制电源输入端子	AC 110 ~ 220V ±33V 50/60Hz
	X1/12		

③ CMC-L 软启动器显示及操作说明。CMC-L 软启动器面板示意图如图 8-3 所示。

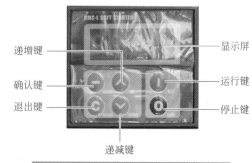

递增键　显示屏
确认键　运行键
退出键　停止键
递减键

图 8-3　CMC-L 软启动器面板示意图

CMC-L 软启动器按键功能如表 8-2 所示。

表 8-2　CMC-L 软启动器按键功能

符号	名称	功能说明
一	确认键	进入菜单项，确认需要修改数据的参数项
∧	递增键	参数项或数据的递增操作
∨	递减键	参数项或数据的递减操作
C	退出键	确认修改的参数数据，退出参数项，退出参数菜单
RUN	运行键	键操作有效时，用于运行操作，并且端子排 X1 的 3、4 端子短接
STOP	停止键	键操作有效时，用于停止操作，故障状态下按下 STOP 键 4s 以上可复位当前故障

CMC-L 软启动器显示状态说明如表 8-3 所示。

表 8-3　CMC-L 软启动器显示状态说明

序号	显示符号	状态说明	备注
1	5rOP	停止状态	设备处于停止状态

续表

序号	显示符号	状态说明	备注
2	P020	编程状态	此时可查看和设定参数
3	RUA⌐	运行状态 1	设备处于软启动过程状态
4	RUA⌐	运行状态 2	设备处于全压工作状态
5	RUA⌐	运行状态 3	设备处于软停车状态
6	Err	故障状态	设备处于故障状态

④ CMC-L 软启动器的控制模式。CMC-L 软启动器有多种启动方式（限流启动、斜坡限流启动、电压斜坡启动），多种停车方式（软停车、自由停车）。在使用时可根据负载及具体使用条件选择不同的启动方式和停车方式。

• 限流启动。使用限流启动方式时，启动时间设置为零，软启动器得到启动指令后，其输出电压迅速增加，直至输出电流达到设定电流限幅值 I_m，输出电流不再增大，电动机运转加速持续一段时间后电流开始下降，输出电压迅速增加，直至全压输出，启动过程完成，如表 8-4 所示。

表 8-4 限流启动方式参数表

参数项	名称	范围	设定值	出厂值
P1	启动时间	0～60s	0	10

续表

参数项	名称	范围	设定值	出厂值
P3	限流倍数	（1.5～5）I_e，8 级可调	—	3

注："—"表示用户自己根据需要进行设定（余同）。

• 斜坡限流启动。输出电压以设定的启动时间按照线性特性上升，同时输出电流以一定的速率增加，当启动电流增至限幅值 I_m 时，电流保持恒定，直至启动完成，如表 8-5 所示。

表 8-5 斜坡限流启动方式参数表

参数项	名称	范围	设定值	出厂值
P0	起始电压	（10%～70%）U_e	—	30%
P1	启动时间	0～60s	—	10
P3	限流倍数	（1.5～5）I_e，8 级可调	—	3

• 电压斜坡启动。这种启动方式适用于大惯性负载，而对于启动平稳性要求比较高的场合，可大大降低启动冲击及机械应力，如表 8-6 所示。

表 8-6 电压斜坡启动方式参数表

参数项	名称	范围	设定值	出厂值
P0	起始电压	（10%～70%）U_e	—	30%
P1	启动时间	0～60s	—	10

• 自由停车。当停车时间为零时为自由停车方式，软启动器接到停机指令后，首先封锁旁路接触器的控制继电器并随即封锁主电路晶闸管的输出，电动机依靠负载惯性自由停机，

如表 8-7 所示。

表 8-7　自由停车方式参数表

参数项	名称	范围	设定值	出厂值
P2	停车时间	0～60s	0	0

• 软停车。当停车时间设定为不为零时，在全压状态下停车则为软停车。在该方式下停机，软启动器首先断开旁路接触器，软启动器的输出电压在设定的停车时间内降为零。

⑤ CMC-L 软启动器参数项及其说明如表 8-8 所示。

表 8-8　CMC-L 软启动器参数项及其说明

参数项	名称	范围	出厂值
P0	起始电压	（10%～70%）U_e，设为 99% 时为全压启动	30%
P1	启动时间	0～60s，选择 0 为限电流软启动	10
P2	停车时间	0～60s，选择 0 为自由停车	0
P3	限流倍数	（1.5～5）I_e，8 级可调	3
P4	运行过流保护	（1.5～5）I_e，8 级可调	1.5
P5	未定义参数	0—接线端子控制 1—操作键盘控制	
P6	控制选择	2—键盘、端子同时控制 0—允许 SCR 保护	2
P7	SCR 保护选择	1—禁止 SCR 保护 0—双斜坡启动无效 非 0—双斜坡启动有效	0
P8	双斜坡启动	设定值为第一次启动时间（范围：0～60s）	0

3. 西驰 CMC-L 软启动器电路接线

① 外接控制回路 CMC-L 软启动器整体电路设计安装原理图如图 8-4 所示。

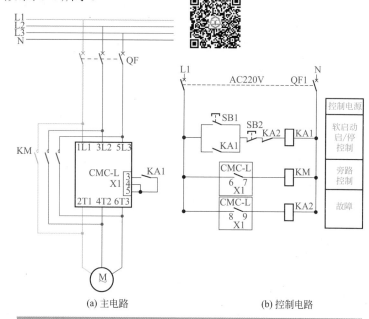

(a) 主电路　　　(b) 控制电路

图 8-4　外接控制回路 CMC-L 软启动器整体电路设计安装原理图

② 外接控制回路 CMC-L 软启动器元器件布置。这里为方便理解，把中间继电器的电路图放到布局图（图 8-5）里显示。

• CMC-L 软启动器主电路接线如图 8-5 所示。

• CMC-L 软启动器控制电路接线见图 8-6。

a. 在接漏电保护器时一般接成"左零右火"形式，或把零线接在"N"标识上面。

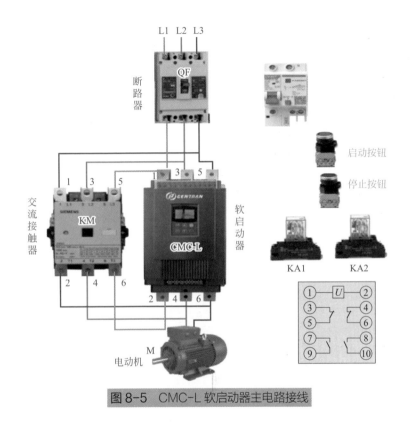

图 8-5　CMC-L 软启动器主电路接线

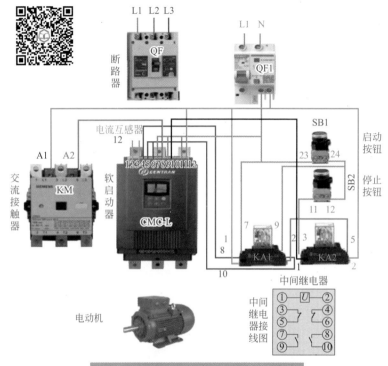

图 8-6　CMC-L 软启动器控制电路接线

b. 继电器接线：KA1 常开触点 7、9 要并联在启动按钮开关常开触点上，停止按钮开关 SB2 和 KA2 常闭触点 3、5 串联接到 KA1 线圈上。

c. 旁路接触器接线：220V 火线经过软启动端子接到旁路接触器线圈上，控制旁路接触器。

d. 当出现故障不能启动时，220V 火线经过软启动端子接到中间继电器 KA2 线圈上，中间继电器 KA2 吸合，串联在 KA1

中间继电器线圈的 220V 电压被切断，软启动器停止工作。

调试与检修：软启动器有保护功能，当软启动器保护功能动作时，软启动器立即停机。LCD 液晶显示屏显示当前故障时用户可根据故障内容进行故障分析。软启动器实际故障代码使用说明见表 8-9。

说明：不同的软启动器故障代码不完全相同，因此实际故障应查看相应的使用说明书。

表 8-9　软启动器实际故障代码使用说明

显示	状态说明	处理方法
STOP	给出启动信号电动机无反应	① 检查端子 3、4、5 是否接通 ② 检查控制电路连接是否正确，控制开关是否正常 ③ 检查控制电源是否过低 ④ 检查 C200 参数设置是否有误
无显示	—	① 检查端子 X3 的 8 和 9 是否接通 ② 检查控制电源是否正常
Err1	电动机启动时缺相	检查三相电源各相电压，判断是否缺相并予以排除
Err2	晶闸管过热	① 检查软启动器安装环境是否通风良好且垂直安装 ② 检查散热器是否过热或过热保护开关是否被断开 ③ 启动频率过高，降低启动频率 ④ 控制电源过低，启动过程电压跌落过大
Err3	启动失败故障	① 逐一检查各项工作参数设定值，核实设置的参数值与电动机实际参数是否匹配 ② 启动失败（在 C105 设定时间内未完成），检查限流倍数是否设定过小或核对互感器变比是否正确
Err4	软启动器输入与输出端短路	① 检查旁路接触器是否卡在闭合位置上 ② 检查晶闸管是否被击穿或损坏
	电动机连接线开路（C104 设置为 0）	① 检查软启动器输出端与电动机是否正确且可靠连接 ② 判断电动机内部是否开路 ③ 检查晶闸管是否被击穿或损坏 ④ 检查进线是否缺相
Err5	限流功能失效	① 检查电流互感器是否接到端子 X2 的 1、2、3、4 上，且接线方向是否正确 ② 查看限流保护设置是否正确 ③ 核实电流互感器变比是否正确
	电动机运行过电流	① 检查软启动器输出端连接是否有短路 ② 负载突然加重 ③ 负载波动太大 ④ 电流互感器变化是否与电动机相匹配
Err6	电动机漏电故障	电动机与地绝缘阻抗过小

续表

显示	状态说明	处理方法
Err7	电子热过载	是否超载运行
Err8	相序错误	调整相序或设置为不检测相序
Err9	参数丢失	此故障发现时，暂停软启动器的使用，速与供货商联系

三、正泰 NJR8-D 软启动器控制电机启动接线

　　NJR8-D 系列在线式软启动器是以先进的双 CPU 控制技术为核心，控制晶闸管模块，实现（笼型）三相交流异步电动机的软启动、软停止功能，同时具有过载、输入缺相、输出缺相、负载短路、启动限流超时、过电压、欠电压等多项可选保护功能。正泰 NJR8-D 软启动器产品规格覆盖 7.5～75kW，是传统的星-三角启动、自耦降压启动理想的更新换代产品。正泰 NJR8-D 软启动器外形如图 8-7 所示。

　　工作原理：NJR8-D 系列软启动器的主电路采用六个晶闸管反并联后串接于交流电动机的定子回路上，利用晶闸管的电子开关作用，通过微处理器控制其触发角的变化来改变晶闸管的导通角，由此来改变电动机的输入电压大小，以达到控制电动机的软启动目的。当启动完成后，软启动器输出达到额定电压。这时控制三相旁路接触器 KM 吸合，将电动机投入电网运行。具体工作原理图如图 8-8 所示。

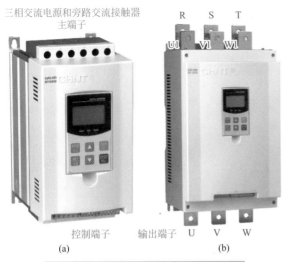

三相交流电源和旁路交流接触器主端子

控制端子　输出端子　U V W
(a)　　　　　(b)

图 8-7　正泰 NJR8-D 软启动器外形

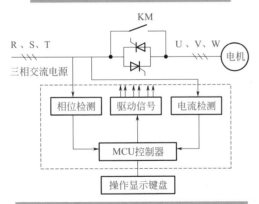

图 8-8　NJR8-D 系列软启动器工作原理图

1. 正泰 NJR8-D 软启动器主电路端子定义与接线

主电路端子定义如表 8-10 所示。

表 8-10　正泰 NJR8-D 软启动器主电路端子定义

端子代号	功能
R、S、T	三相交流电源输入端子
U1、V1、W1	旁路接触器输入主端子
U、V、W	旁路接触器输出主端子，即产品输出主端子，接至电动机

在软启动器外接旁路接触器时，必须要求接触器每一极的输入 U1、V1、W1 与输出 U、V、W 一一对应，如图 8-9 所示。如果接线不正确，产品在切至旁路时会造成电源短路，以致烧坏整个系统。

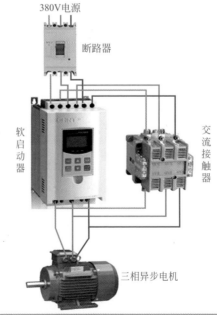

图 8-9　正泰 NJR8-D 软启动器主电路接线

2. 正泰NJR8-D软启动器控制电路端子定义与接线

正泰NJR8-D软启动器控制电路端子定义如表8-11所示，基本接线原理图和控制端子说明如图8-10所示，实物接线图如图8-11所示。

表8-11 正泰NJR8-D软启动器控制电路端子定义

开关量	端子代号	功能	说 明
输入	RUN	运行端子	与COM端子可进行两线、三线控制
	STOP	停止/复位端子	
	X1、X2	备用	
	X3	瞬停端子	出厂时与COM端子短接，当该端子断开时，产品停止输出，并且报"瞬停端子开路"故障
	COM	开关量公共端	24V参考地
电源	24V	24V电源	对COM端输出24V/100mA电源
模拟量	AO	模拟输出	0～20mA电流输出，4倍额定电流对应输出20mA
	A1	备用	
	GND	模拟量公共端	A0参考地
继电器输出	K1	旁路继电器	控制旁路接触器，触点容量为AC 250V/5A
	K2	可编程继电器	该继电器由F17及F04共同决定其输出功能
	K3	故障继电器	当有故障时该继电器动作
通信接口	A、B	RS485通信端口	与上级PLC等上位机连接

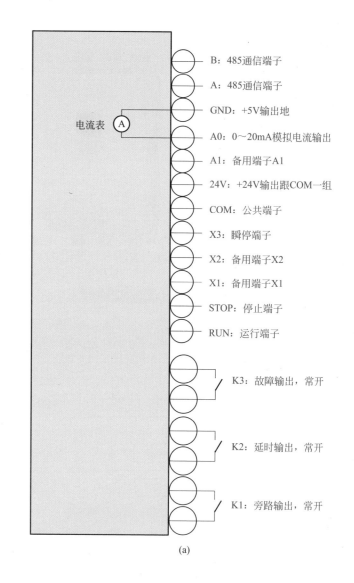

B：485通信端子
A：485通信端子
GND：+5V输出地
电流表 Ⓐ
A0：0～20mA模拟电流输出
A1：备用端子A1
24V：+24V输出跟COM一组
COM：公共端子
X3：瞬停端子
X2：备用端子X2
X1：备用端子X1
STOP：停止端子
RUN：运行端子

K3：故障输出，常开

K2：延时输出，常开

K1：旁路输出，常开

(a)

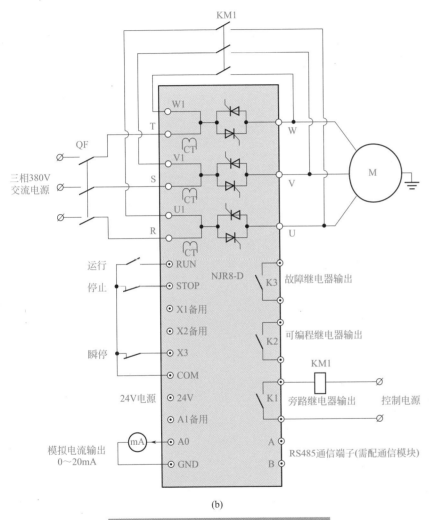

图 8-10 基本接线原理图和控制端子说明

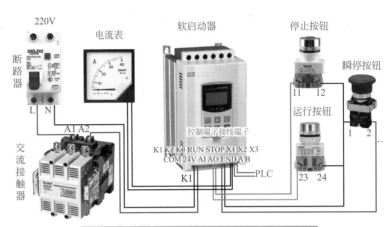

图 8-11 正泰 NJR8-D 软启动器实物接线图

3. 正泰 NJR8-D 软启动器面板操作

正泰 NJR8-D 软启动器面板示意图如图 8-12 所示。

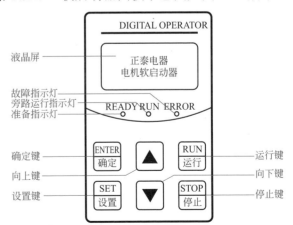

图 8-12 正泰 NJR8-D 软启动器面板示意图

修改设定参数：参数的修改只能在待机或旁路的状态下进行。见图 8-13。举例说明见图 8-14。正泰 NJR8-D 软启动器功能参数表如表 8-12 所示。

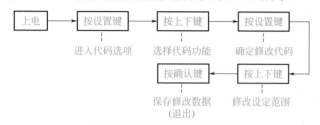

图 8-13 修改设定参数流程

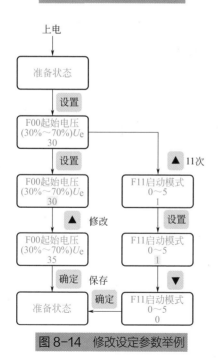

图 8-14 修改设定参数举例

表 8-12　正泰 NJR8-D 软启动器功能参数表

功能代码	功能名称	设定范围	出厂值	说明
F00	起始电压	（30% ~ 70%）U_e	30	F11=1 时有效
F01	软启时间	2 ~ 60s	16	软启加速的时间，并非软启总过程的时间
F02	软停时间	0 ~ 60s	0	设置为 0 表示自由停车
F03	启动延时	0 ~ 999s	0	有运行命令后延时 F03 设定值后开始启动
F04	编程延时	0 ~ 999s	0	自定义继电器（K2）动作延时值
F05	间隔延时	0 ~ 999s	0	配合 F14 用
F06	启动限制电流	（50% ~ 500%）I_e 或 1 ~ 6000A	400	电流相关模式有效
F07	过载调整值	（50% ~ 100%）I_e 或 1 ~ 6000A	100	用于电机过载保护的调整
F08	电流显示方式	0 ~ 3	1	用于电流值或百分比的设置选择
F09	欠电压保护	60% ~ 90%	80	低于设定值时保护
F10	过电压保护	100% ~ 130%	120	高于设定值时保护
F11	启动模式	0 ~ 5	1	0：限流；1：电压；2：突跳 + 限流；3：突跳 + 电压；4：电流斜坡；5：双闭环
F12	过载保护等级	0 ~ 4	2	0：2 级；1：10A 级；2：10 级；3：20 级；4：30 级
F13	操作控制方式	0 ~ 7	0	用于面板、外控端子等的设置选择
F14	自动重启选择	0 ~ 9	0	0：禁止；1 ~ 9：自动重启次数
F15	参数修改允许	0 ~ 1	1	0：不允许；1：允许
F16	通信地址	0 ~ 64	0	用于多台软启动器与上位机多机通信
F17	K2 编程输出	0 ~ 7	2	K2 继电器输出（3 ~ 4）设置
F18	软停限流	20% ~ 100%	100	用于 F02 软停止时的限流设定
F19	电机额定电流	4 ~ 1000A	44	表示启动器所配电机的额定电流为 44A

4．正泰 NJR8-D 软启动器保护和异常故障诊断

保护功能说明：软启动器具有完善的保护功能，保护软启动器和电动机的使用安全。在使用中应根据不同的情况恰当地设置保护级别和保护参数。

① 外部故障输入保护。瞬停端子用于外加专用保护装置，如热继电器、急停开关等。

② 失压保护。软启动器断电又来电后，无论控制端子处于何种位置，均不会自行启动，以免造成伤害事故。

③ 启动时间过长保护。由于软启动器参数设置不当或其他原因造成长时间启动不成功，软启动器会自行保护。

④ 软启动器过热保护。温度升至80℃±5℃时保护动作，动作时间小于0.1s；当温度降至55℃，过热保护解除。

⑤ 输入缺相保护。滞后时间小于3s。

⑥ 输出缺相保护。滞后时间小于3s。

⑦ 三相不平衡保护。滞后时间小于3s，以各相电流偏差大于50%±10%为基准。

⑧ 启动过电流保护。启动时持续大于电机额定工作电流5倍时保护动作。

⑨ 运行过载保护。以电机额定工作电流为基准作反时限热保护。

⑩ 电源电压过低保护。当电源电压低于极限值50%时，保护动作，时间小于0.5s，或者低于设定值时保护动作，时间小于3s。

⑪ 电源电压过高保护。当电源电压高于极限值130%时，保护动作，时间小于0.5s，或者高于设定值时保护动作，时间小于3s。

⑫ 负载短路保护。滞后时间小于0.1s，短路电流为软启动标称电机电流额定值10倍以上。

正泰 NJR8-D 软启动器软启动发生异常时，保护功能动作，液晶屏上显示故障名称以及相关内容见表8-13。

表8-13　正泰 NJR8-D 软启动器软启动发生异常时，保护功能显示故障名称以及相关内容

面板显示	动作内容及处理
故障已经解除	刚发生过欠电压、过电压、过热等故障，现恢复至正常。按"停止"键后复位
瞬停端子开路	检查 X3 和 COM 端子是否已经连接，或者检查接于该端子的其他保护装置的常闭触点
软启动器过热	启动过于频繁或者电动机功率与软启动器不匹配
启动时间过长	启动参数设置不合适或负载太重、电源容量不足等
输入缺相	检查三相电源，旁路接触器是否能正常通断，晶闸管是否开路，晶闸管控制线是否接触良好等
输出缺相	检查输出回路及电动机连接线、旁路接触器是否能正常通断，晶闸管是否短路，晶闸管控制线是否接触良好等
三相不平衡	检查输入三相电源及负载电动机是否异常，三相电流互感器有无输出信号
启动限流超时	负载是过重、电动机功率与软启动器不匹配或 F12 过载保护等级设置过低
运行过载保护	负载是否过重，或者代码 F07 或 F19 参数设置不当
电源电压过低	检查输入电源电压或代码 F09 参数设置不当
电源电压过高	检查输入电源电压或代码 F10 参数设置不当
设置参数出错	修改设置或按住"确定"键上电开机恢复出厂值
负载短路	所带电动机的线圈短路或对地短路
自动重启接线错误	检查外控启动与停止端子，是否按两线控制方式连接
停止端子接线错误	当允许外控方式时，外部停止端子处于开路状态而无法启动电动机

故障诊断如表 8-14 所示

表 8-14　故障诊断

异常现象	检查内容	采取的对策
电动机不转	① 布线有无异常 ② 电源线是否接到输入端子（R、S、T）	① 请正确布线 ② 请确认输入端电源
	① 旁路接触器是否工作 ② K1 端子组有无异常	① 检查旁路接触器连接是否正确 ② 检查旁路后接触器线圈端电压是否正常
	键盘是否有异常显示	请参阅检修键盘
	电动机是否被锁定（负载是否太重）	请解除电动机的锁定（减轻负载）
不能用键盘控制启动、停止	① X3、COM 端子是否开路 ② 代码 F13 设置是否正确	① 将 X3 与 COM 短接 ② 正确设置代码 F13
外控不能启动	代码 F13 是否设置成外控	请设置为外控制端子有效，并采用 F13 功能所述接线方式
电动机虽然旋转但速度不变	负载是否太重	请减轻负载；加大起始电压或限流值
启动时间过长	① 负载太重 ② 代码没有设置好 ③ 检查电动机规格是否正确	① 请减轻负载 ② 设置 F00、F01 和 F06 ③ 请检查规格说明书和标牌是否与 F19 一致
运行中突然停车	检查外部输入端子	检查 X3、COM 端子连接是否松动；若有外接保护器则检查常闭点是否动作；检查外部停止按钮连接线是否松动

5. 软启动器在实际安装中调试

软启动器安装成柜子之后，就要对软启动柜进行调试，大家最关心的是软启动器参数怎么设置。不管是哪个厂家的软启动器，参数设置基本都包括保护参数、启动参数、控制参数和系统参数几大类。一般系统参数是厂家内部的一些参数，作为用户是不需要调的。保护参数有欠压保护、缺相保护、过电流保护、相电流不平衡保护，这些参数出厂的时候基本已经设置好了，用户不需要做大的改动。只有启动参数是要根据实际启动负载做相应的调整。启动参数包括启动方式、初始电压、启动时间、限流倍数、软停时间等，最常设置的也是这几种参数。启动方式一般有电压斜坡启动、限流启动、斜坡限流启动等。

调试参数说明如下：初始电压太小，软启动器启动电机只嗡嗡响但电机不转，这说明力矩太小；初始电压太大，软启动器启动电机又太猛，失去了软启动的效果，所以初始电压大小应根据负载轻重做适当的修改。限流倍数是指启动电机的时候，瞬间电流控制在额定电流的倍数内。例如，75kW 软启动器限流倍数设置成 3，380V/75kW 软启动器额定电流是 150A，那么启动时，电机电流控制在 450A 以内。限流倍数设置过大，对电网冲击较大，设置过小，电机启动不起来，所以这个要根据实际情况设置。软停车功能，是需要电机缓慢停下来的场合进行设置的，如深井泵、带机。

第九章

单相电机运行电路接线

一、单相电容运行控制电路

电路如图 9-1 所示。电容运行式异步电动机副绕组串接一个电容器后与主绕组并接于电源，副绕组和电容器不仅参与启动还长期参与运行。单相电容运行式异步电动机的电容器长期接入电源工作，因此不能采用电解电容器，通常采用纸介或油浸纸介电容器。电容器的容量主要是根据电动机运行性能来选取，一般比电容启动式的电动机要小一些。

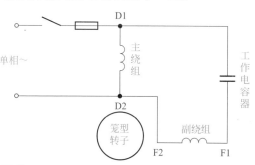

图 9-1　单相电容运行式异步电动机接线原理图

单相电机内有两个线圈，分别为主绕组线圈和副绕组线圈。

由于主绕组线圈截面积比较大，副绕组线圈截面积比较小，所以主绕组线圈的阻值要比副绕组线圈阻值小。

对于功率比较小的单相电机（比如风扇、洗衣机、浴霸排风扇等），主绕组和副绕组线圈的某一端是连接在一起的，所以只引出三个端子。它只需要一个电容，即启动电容和运行电容一体。

接线方法（如图 9-2 所示）：用万用表测单相电机三个接线端子中的任意两个，可以得到三组数值。电容接阻值最大的两个端子，零火线接阻值小的两个端子（零线和火线可以互换）。如果需要反转，把接电容一端的线换到电容的另外一端即可。

二、洗衣机类单相电容运行式正反转电路接线

普通电容运行式电动机绕组有两种结构，一种为主副绕组匝数及线径相同；另一种为主绕组匝数少且线径大，副绕组匝数多且线径小。这两种电动机内的接线相同。

正反转的控制：对于不分主副绕组的电动机，控制电路如图 9-3 所示。C1 为运行电容，K 可选各种形式的双投开关。改变 K 的接点位置，即可改变电动机的运转方向，实现正反转

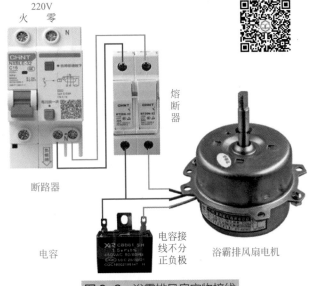

图9-2　浴霸排风扇实物接线

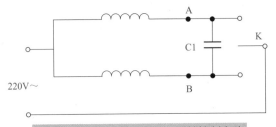

图9-3　电容运行式电机正反转控制电路

控制。对于有主副绕组之分的单相电动机，要实现正反转控制，可改变内部副绕组与公共端接线，也可改变定子方向。如图9-4所示为电路接线。

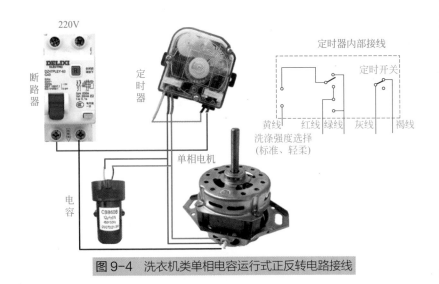

图9-4　洗衣机类单相电容运行式正反转电路接线

三、单相PTC启动运行电路

PTC启动器外形及启动控制电路如图9-5所示。最新式的启动元件是"PTC"，它是一种能"通"或"断"的热敏电阻。PTC热敏电阻是一种新型的半导体元件，可用作延时型启动开关。

使用时，将PTC元件与电容启动或电阻启动电动机的副绕组串联。在启动初期，因PTC热敏电阻尚未发热，阻值很低，副绕组处于通路状态，电动机开始启动。随着时间的推移，电动机的转速不断增加，PTC元件的温度因本身的焦耳热而上升，当超过居里点T_c（即电阻急剧增加的温度点）时电阻值剧增，副绕组电路相当于断开，但还有一个很小的维持电流，并有

2～3W 的功率损耗，使 PTC 元件的温度维持在居里点 T_c 值以上。当电动机停止运行后，PTC 元件温度不断下降，约 2～3min 后其电阻值降到 T_c 点以下，这时电动机又可以重新启动。

例如家用冰箱 PTC 启动器控制电路原理图如图 9-6 所示。

PTC启动器控制电路接线：把启动器串联在副绕组上，热过载保护器起到过电流发热并断开电路供电作用，所以把它接到零线回路。家用冰箱 PTC 启动器控制电路接线如图 9-7 所示。

在冰箱压缩机的上面有 3 根接线柱，分别是 S、M、C，其中 S 是启动绕组、M 是运行绕组、C 是公共端。用万用表欧姆挡测量，运行绕组与启动绕组端阻值最大，启动绕组与公共端阻值中等，运行绕组与公共端阻值最小。

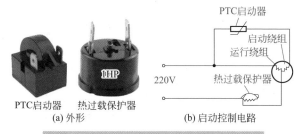

图9-5　PTC 启动器外形及启动控制电路

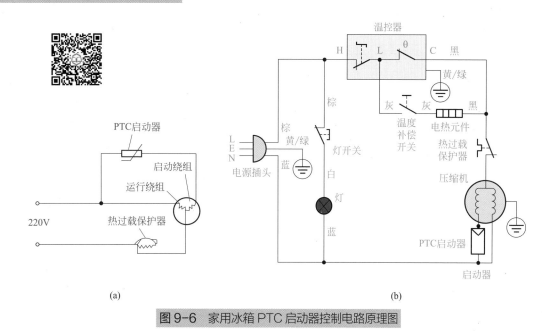

图9-6　家用冰箱 PTC 启动器控制电路原理图

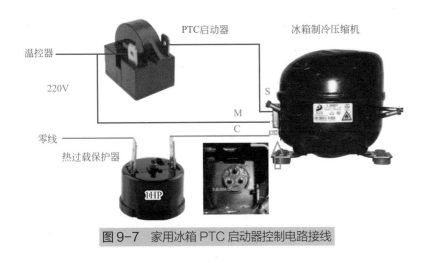

PTC启动器　　冰箱制冷压缩机

温控器

220V

S

M

C

零线

热过载保护器

1HP

图9-7　家用冰箱PTC启动器控制电路接线

四、多地控制单相电动机运转电路

多地控制单相电动机运转电路如图9-8所示。

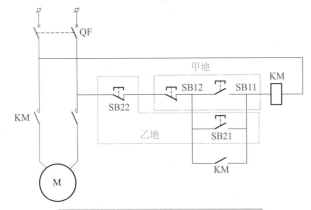

图9-8　多地控制单相电动机运转电路

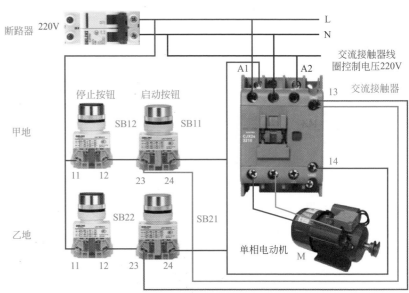

图9-9　多地控制单相电动机运转电路实物接线

　　为了达到两个地点同时控制一台电动机的目的，必须在另一个地点再装一组启动/停止按钮开关。图9-9中SB11、SB12为甲地启动/停止按钮开关，SB21、SB22为乙地启动/停止按钮开关。只要按动各地的启动按钮开关，交流接触器线圈即可得电，触点吸合，电动机即可运转。

　　调试与检修：实际多地控制启动和停止电路与单地控制启动和停止电路的工作原理是一样的，只不过是把引线加长，把按钮开关实现串联和并联。需要说明的是，在电动机有多个按钮开关进行控制的时候，停止开关都是串联关系，这必须要注意。当不能实现控制的时候，主要用万用表检测交流接触器是否毁坏，按钮开关是否毁坏。如果这些元件均没有毁坏，就说明控制电路和主电路没有问题，故障一般是在电动机上，对其进行维修或更换就可以了。

五、交流接触器控制的单相电动机正反转控制电路

当电动机功率比较大时，可以用交流接触器控制电动机的正反转，电路原理图如图9-10所示。

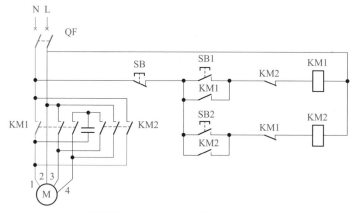

图9-10　交流接触器控制的单相电动机正反转控制电路原理图

1，2—主绕组；3，4—副绕组

电路接线图如图9-11、图9-12所示。

调试与检修：对一些远程控制不能直接使用倒顺开关进行控制的电动机或大型电动机来讲，可以使用交流接触器控制的正反转控制电路。如果接通电源以后，按动顺启动或逆启动按钮开关，电动机不能正常工作，应该首先用万用表检查交流接

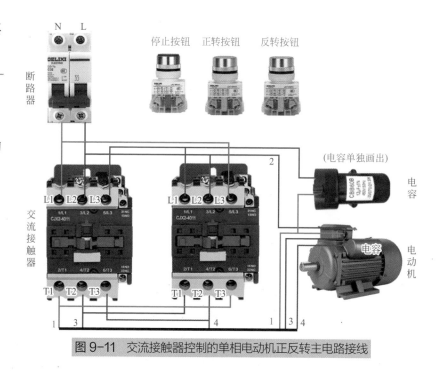

图9-11　交流接触器控制的单相电动机正反转主电路接线

触器线圈是否毁坏，交流接触器接点是否毁坏。如果这些元件没有毁坏，按动顺启动或逆启动按钮开关，电动机应当能够正旋转，如果不能旋转，应该是电容器出现了故障，应当更换电容器。如果只能顺启动而不能逆启动（或只能逆启动而不能顺启动），检查逆启动按钮开关、逆启动交流接触器（或顺启动按钮开关、顺启动交流接触器）是否出现故障。一般只能实现单一的方向运行，而不能实现另一方向运行，都属于另一方向的交流接触器出现故障，和它的主电路、电流通路的电容器，以

及电动机和空开是没有关系的，所以直接检查它的控制元件就可以了。

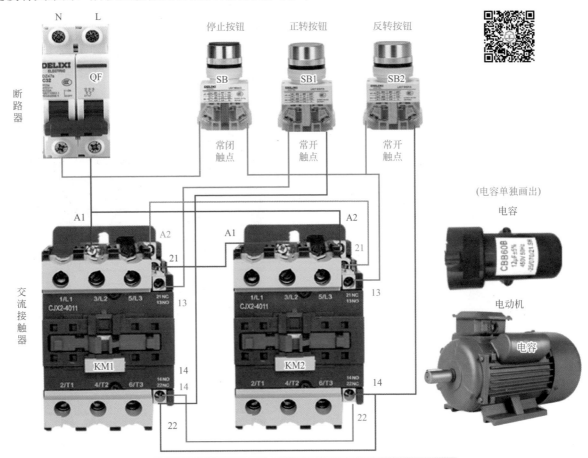

图 9-12　交流接触器控制的单相电动机正反转控制电路接线

第十章

PLC 控制三相异步电动机电路接线

一、PLC 控制三相异步电动机启动电路

PLC控制三相异步电动机启动的主电路和控制电路如图 10-1 和图 10-2 所示，PLC 控制三相异步电动机启动电路梯形图如图 10-3 所示。

• 控制过程：通过启动按钮 SB1 给西门子 S7-200 SMART PLC 启动信号，在未按下停止按钮 SB2 以及热继电器常闭触点 FR 未断开时，西门子 S7-200 SMART PLC 输出信号控制交流接触器 KM 线圈得电，其主触点吸合使电机启动，按下启动按钮 HL1 灯亮，按下停止按钮 HL2 灯亮。

PLC 控制三相异步电动机启动电路主电路原理图和实物接线如图 10-1 所示。

• 输入 / 输出元件及控制功能：根据原理及控制要求，列出 PLC I/O 资源分配表如表 10-1 所示。

• 电路接线：按照图 10-1 和图 10-2 所示正确接线，先接主电路，它是从 380V 三相交流电源小型断路器 QF1 的输出端开始（出于安全考虑，L1、L2、L3 最后接入），经熔断器、交流接触器 KM 的主触点，热继电器 FR 的热元件到电动机 M 的三个接

线端 U、V、W 的电路，用导线按顺序串联起来。

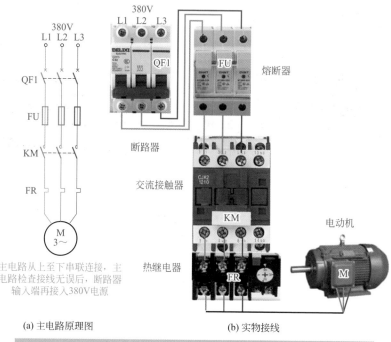

(a) 主电路原理图   (b) 实物接线

图 10-1 PLC 控制三相异步电动机启动电路主电路原理图和实物接线

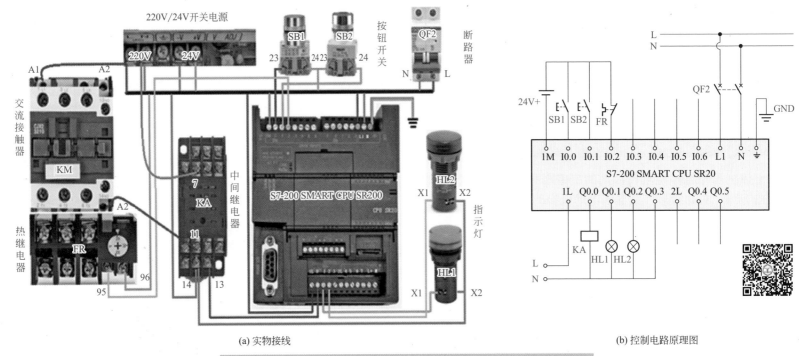

220V/24V开关电源

SB1 SB2 按钮开关 QF2 断路器

A1 A2 220V 24V

交流接触器 KM

中间继电器 7 KA 11

S7-200 SMART CPU SR200

热继电器 FR 96 95 14 13

HL2 HL1 指示灯 X1 X2

(a) 实物接线

L N QF2 GND

24V+ SB1 SB2 FR

1M I0.0 I0.1 I0.2 I0.3 I0.4 I0.5 I0.6 L1 N ⏚

S7-200 SMART CPU SR20

1L Q0.0 Q0.1 Q0.2 Q0.3 2L Q0.4 Q0.5

L KA HL1 HL2 N

(b) 控制电路原理图

图10-2 PLC控制三相异步电动机启动电路控制电路原理图和实物接线

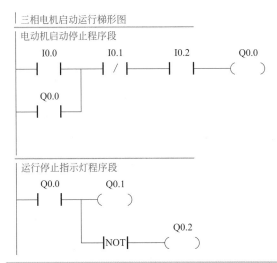

图 10-3 PLC 控制三相异步电动机启动电路梯形图

表 10-1 PLC 控制三相异步电机启动 I/O 资源分配表

I/O	序号	位号	符号	说明
输入点	1	I0.0	SB1	启动按钮
	2	I0.1	SB2	停止按钮
	3	I0.2	FR	热继电器辅助触点
输出点	1	Q0.0	KM（KA）	交流接触器（中间继电器）
	2	Q0.1	HL1	启动指示灯
	3	Q0.2	HL2	停止指示灯

主电路连接完整无误后，再连接 PLC 控制电路。它是从 220V 单相交流电源小型断路器 QF2 的输出端（L、N 电源端最后接入）供给 PLC 电源，同时 L 亦作为 PLC 输出公共端。常

开按钮 SB1、SB2 以及热继电器的常闭辅助触点均连至 PLC 的输入端。PLC 输出端直接连到交流接触器 KM 的线圈，与启动指示灯 HL1、停止指示灯 HL2 相连。

• 电路调试：

① 合上小型断路器 QF1、QF2，按柜体电源启动按钮，启动电源。

② 连接好电脑和 PLC 的传输电缆，将编写好的程序下载到 PLC 中。

③ 按启动按钮 SB1，对电动机 M 进行启动操作。

④ 按停止按钮 SB2，对电动机 M 进行停止操作。

二、PLC 控制三相异步电动机串电阻降压启动电路

电动机启动时在三相定子电路中串接电阻，使电动机定子绕组电压降低，启动后再将电阻短路，电动机仍然在正常电压下运行。这种启动方式由于不受电动机接线形式的限制，设备简单，因而在中小型机床中应用广泛。机床中也常用这种串接电阻的方法限制点动调整时的启动电流。KM1 通电（电动机串电阻启动），KM2 通电（短接电阻），只要 KM2 通电就能使电动机正常运行。

PLC 控制三相异步电动机串电阻降压启动电路的主电路和控制电路如图 10-4、图 10-5 所示，PLC 控制梯形图如图 10-6 所示。

• 控制过程：通过启动按钮 SB1 给西门子 S7-200 SMART PLC 启动信号，在未按下停止按钮 SB2 以及热继电器常闭触点

FR 未断开时，西门子 S7-200 SMART PLC 输出信号控制交流接触器 KM1 线圈得电，其主触点吸合使电机降压启动。到 Ns 定时后，交流接触器 KM2 线圈得电，同时使交流接触器 KM1 线圈失电，至此异步电动机正常工作运行，降压启动完毕。

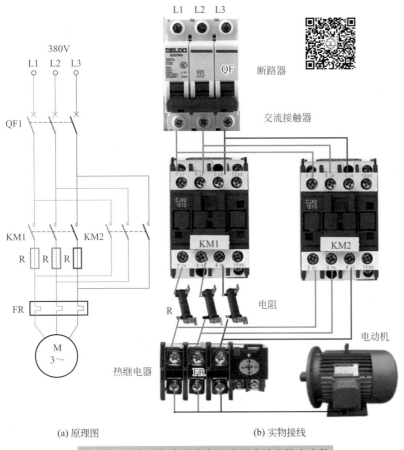

(a) 原理图　　　　　(b) 实物接线

图10-4　电动机定子串电阻降压启动电路主电路

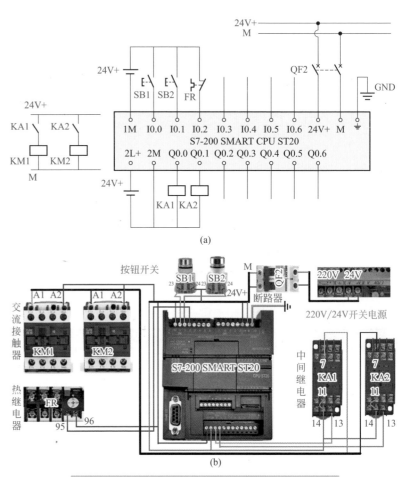

(a)

(b)

图10-5　电动机定子串电阻降压启动电路控制电路

• 输入 / 输出元件及控制功能：根据原理及控制要求，列出 PLC I/O 资源分配表如表 10-2 所示。

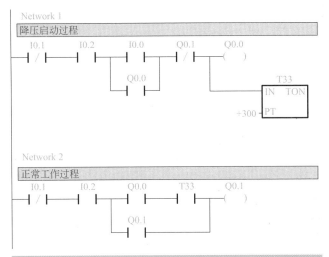

图 10-6　电动机定子串电阻降压启动电路 PLC 控制梯形图

表 10-2　PLC 控制三相异步电机串电阻启动 I/O 资源分配表

I/O	序号	位号	符号	说明
输入点	1	I0.0	SB1	启动按钮
	2	I0.1	SB2	停止按钮
	3	I0.2	FR	热继电器辅助触点
输出点	1	Q0.0	KM1（KA1）	交流接触器 1
	2	Q0.1	KM2（KA2）	交流接触器 2
定时器	1	T33	KT	延时 Ns

● 电路接线：按照图 10-4 和图 10-5 所示正确接线，主电路电源接三极小型断路器输出端 L1、L2、L3，供电电压为 380V，

PLC 控制电路电源接二极小型断路器 L、N，供电电压为 220V。接线时，先接动力主电路，它是从 380V 三相交流电源小型断路器 QF1 的输出端开始（L1、L2、L3 最后接入），经交流接触器的主触点（KM1、KM2 主触点各相分别并联）、电阻、热继电器 FR 的热元件到电动机 M 的三个线端 U、V、W 的电路，用导线按顺序串联起来。

主电路连接完整无误后，再连接 PLC 控制电路，它是从 220V 单相交流电源小型断路器 QF2 输出端 L、N 供给 PLC 电源（L、N 电源端最后接入），同时 L 亦作为 PLC 输出公共端。常开按钮 SB1、SB2 以及热继电器的常闭辅助触点均连至 PLC 的输入端。PLC 输出端直接和交流接触器 KM1、KM2 的线圈相连。

● 电路调试：

① 合上小型断路器 QF1、QF2，按柜体电源启动按钮，启动电源。

② 连接好电脑和 PLC 的传输电缆，将编写好的程序下载到 PLC 中。

③ 按启动按钮 SB1，对电动机 M 进行启动操作，注意电动机和交流接触器 KM1、KM2 的运行情况。

④ 按停止按钮 SB2，对电动机 M 进行停止操作，注意电动机和交流接触器 KM1、KM2 的停止运行情况。

三、PLC 控制三相异步电动机 丫-△ 启动电路

PLC 控制 三相异步电动机 丫-△ 启动电路的主电路和控制

电路如图 10-7、图 10-8 所示，PLC 控制梯形图如图 10-9 所示。

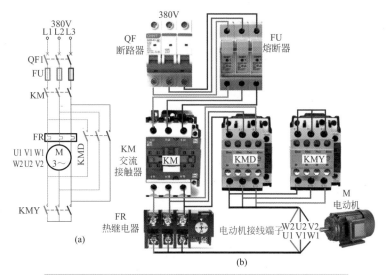

图 10-7 PLC 控制三相异步电动机 Y- △启动电路主电路

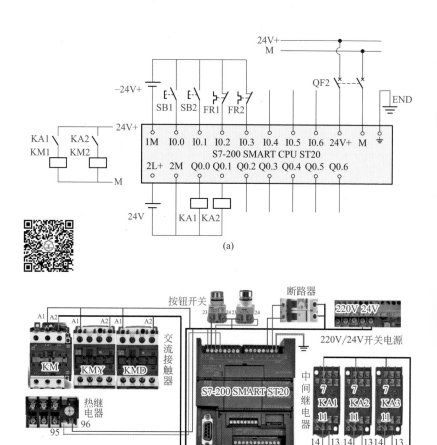

图 10-8 PLC 控制三相异步电动机 Y- △启动电路控制电路接线

• **控制原理**：电动机启动时，把定子绕组接成星形，以降低启动电压，减小启动电流；待电动机启动后，再把定子绕组改接成三角形，使电动机全压运行。Y- △启动只能用于正常运行时为三角形接法的电动机。

• **控制过程**：当按下启动按钮 SB1，系统开始工作，交流接触器 KM、KMY 的线圈同时得电，交流接触器 KMY 的主触点将电动机接成星形并经过 KM 的主触点接至电源，电动机降压启动。

当 PLC 内部定时器 KT 定时时间到 Ns 时，控制 KMY 线圈失电，KMD 线圈得电，电动机主电路换成三角形接法，电动机投入正常运转。

• **输入 / 输出元件及控制功能**：根据原理及控制要求，列出 PLC I/O 资源分配表（见表 10-3）。

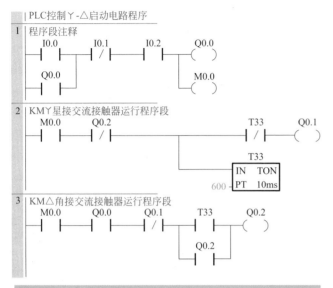

图 10-9 PLC 控制三相异步电动机 Y- △启动电路梯形图

表 10-3 PLC 控制三相异步电动机 Y- △启动 I/O 资源分配表

I/O	序号	位号	符号	说明
输入点	1	I0.0	SB1	启动按钮
	2	I0.1	SB2	停止按钮
	3	I0.2	FR	热继电器辅助触点
输出点	1	Q0.0	KM（KA1）	正常工作控制交流接触器
	2	Q0.1	KMY（KA1）	Y 启动控制交流接触器
	3	Q0.2	KMD（KA3）	△启动控制交流接触器
定时器	1	T33	KT	延时 Ns
辅助位	1	M0.0	M0.0	启动控制位

• 电路接线：按照图 10-7 和图 10-8 所示正确接线，主电路电源接三极小型断路器输出端，供电电压为 380V，PLC 控制电路电源接二极小型断路器 L、N，供电电压为 220V。先接动力主电路，它是从 380V 三相交流电源小型断路器 QF1 的输出端开始（L1、L2、L3 最后接入），经熔断器、交流接触器的主触点、热继电器 FR 的热元件到电动机 M 的六个线端 U1、V1、W1 和 W2、U2、V2 的电路，用导线按顺序串联起来。

主电路连接完整无误后，再连接 PLC 控制电路，它是从 220V 单相交流电源小型断路器 QF2 输出端供给 PLC 电源，同时 L 亦作为 PLC 输出公共端。常开按钮 SB1、SB2 均连至 PLC 的输入端。PLC 输出端直接和交流接触器 KM、KMY、KMD 的线圈相连。

• 电路调试：

① 合上小型断路器 QF1、QF2，按柜体电源启动按钮，启动电源。

② 连接好电脑和 PLC 的传输电缆，将编写好的程序下载到 PLC 中。

③ 按启动按钮 SB1，需注意电动机和交流接触器 KM、KMY、KMD 的运行情况。

④ 按停止按钮 SB2，需注意电动机和交流接触器 KM、KMY、KMD 的停止运行情况。

四、PLC 控制三相异步电动机顺序启动电路

利用 PLC 定时器来实现控制电动机的顺序启动，主电路

和控制电路原理及接线如图 10-10、图 10-11 所示，PLC 控制梯形图见图 10-12。

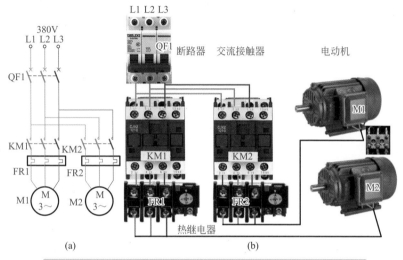

图 10-10 PLC 控制三相异步电动机顺序启动电路主电路接线

• 控制过程：按下启动按钮 SB1，系统开始工作，PLC 控制输出交流接触器 KM1 的线圈得电，其主触点将电动机 M1 接至电源，M1 启动。同时定时器开始计时，当定时器 KT 定时到 Ns 时，PLC 输出控制交流接触器 KM2 的线圈得电，其主触点将电动机 M2 接至电源，M2 启动。当按下停止按钮 SB2，电机 M1、M2 同时停止。

• 输入 / 输出元件及控制功能：根据原理及控制要求，列出 PLC I/O 资源分配表（见表 10-4）。

• 电路接线：按照图 10-10 和图 10-11 所示正确接线，主电路电源接三极小型断路器输出端，供电电压为 380V，PLC 控制

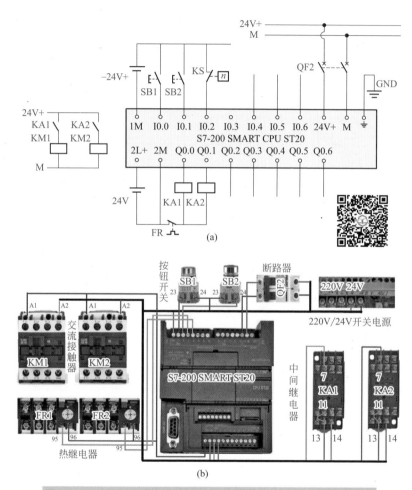

图 10-11 PLC 控制三相异步电动机顺序启动电路控制电路接线

电路电源接二极小型断路器，供电电压为 220V。接线时，先接动力主电路，它是从 380V 三相交流电源小型断路器 QF1 的

输出端开始（L1、L2、L3 最后接入），经交流接触器的主触点、热继电器 FR 的热元件到电动机 M1、M2 的三个线端 U、V、W 的电路，用导线按顺序串联起来。

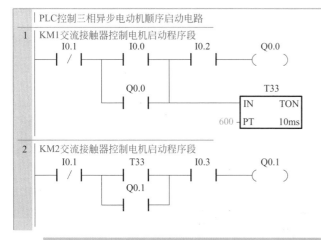

图 10-12　PLC 控制三相异步电动机顺序启动电路梯形图

表 10-4　PLC 控制三相异步电动机顺序启动 I/O 资源分配表

I/O	序号	位号	符号	说明
输入点·	1	I0.0	SB1	启动按钮
	2	I0.1	SB2	停止按钮
	3	I0.2	FR1	热继电器 1 辅助触点
	4	I0.3	FR2	热继电器 2 辅助触点
输出点	1	Q0.0	KM1	交流接触器 1
	2	Q0.1	KM2	交流接触器 2
定时器	1	T33	KT	延时 Ns

主电路连接完整无误后，再连接 PLC 控制电路。它是从 220V 单相交流电源小型断路器 QF2 输出端 L、N 供给 PLC 电源，同时 L 亦作为 PLC 输出公共端。常开按钮 SB1、SB2 以及热继电器 FR1、FR2 的常闭触点均连至 PLC 的输入端。PLC 输出端直接和交流接触器 KM1、KM2 的线圈相连。

- 电路调试：

① 合上小型断路器 QF1、QF2，按柜体电源启动按钮，启动电源。

② 连接好电脑和 PLC 的传输电缆，将编写好的程序下载到 PLC 中。

③ 按启动按钮 SB1，注意电动机和交流接触器 KM1、KM2 的运行情况。

④ 按停止按钮 SB2，注意电动机和交流接触器 KM1、KM2 的停止运行情况。

五、PLC控制三相异步电动机反接制动电路

PLC 控制三相异步电动机反接制动电路的主电路和控制电路原理和接线如图 10-13、图 10-14 所示，PLC 控制梯形图如图 10-15 所示。

- 控制原理：反接制动是利用改变电动机电源的相序，使定子绕组产生相反方向的旋转磁场，因而产生制动转矩的一种制动方法。因为电动机容量较大，在电动机正反转换接时，如果操作不当会烧毁交流接触器。

- 控制过程：按下启动按钮 SB1，系统开始工作，电动机正

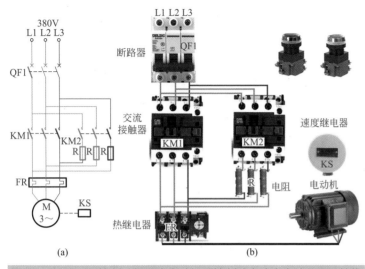

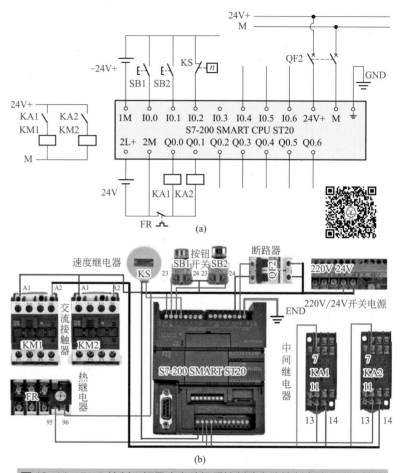

图10-13 PLC控制三相异步电动机反接制动电路主电路原理和接线

图10-14 PLC控制三相异步电动机反接制动电路控制电路原理和接线

常运转，当达到一定的转速时，速度继电器KS的常开触点闭合；停车时，按下停止按钮SB2，PLC控制KM1线圈失电，电动机脱离电源。由于此时电动机的惯性还很大，KS的常开触点依然处于闭合状态，PLC控制反接制动交流接触器KM2线圈得电，其主触点闭合，使电动机定子绕组得到与正常运转相序相反的三相交流电源，电动机进入反接制动状态，电动机转速下降，当电动机转速低于速度继电器动作值时，速度继电器常开触点复位，此时PLC控制KM2线圈失电，反接制动结束。

• 输入/输出元件及控制功能：根据原理及控制要求，列出PLC I/O资源分配表如表10-5所示。

• 电路接线：按照图10-13和图10-14所示正确接线，主电路电源接三极小型断路器输出端，供电电压为380V，PLC

控制电路电源接二极小型断路器，供电电压为220V。接线时，先接主电路，它是从380V三相交流电源小型断路器QF1的输出端开始（L1、L2、L3最后接入），经交流接触器的主触点（KM2 主触点与电阻串接后与 KM1 主触点两相反相并接）、热继电器 FR 的热元件到电动机 M 的三个线端 U、V、W 的电路，用导线按顺序串联起来。

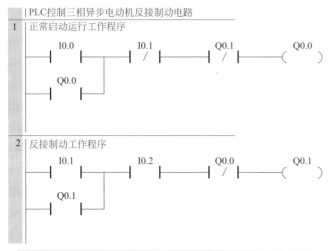

图 10-15　PLC 控制三相异步电动机反接制动电路梯形图

表 10-5　PLC 控制三相异步电动机反接制动 I/O 资源分配表

I/O	序号	位号	符号	说明
输入点	1	I0.0	SB1	启动按钮
	2	I0.1	SB2	停止按钮
	3	I0.2	KS	速度继电器触点
输出点	1	Q0.0	KM1（KA1）	正常工作控制交流接触器
	2	Q0.1	KM2（KA2）	反接制动控制交流接触器

主电路连接完整无误后，再连接 PLC 控制电路。它是从 220V 单相交流电源小型断路器 QF2 输出端 L、N 供给 PLC 电源，同时 L 亦作为 PLC 输出公共端。常开按钮 SB1、SB2 均连至 PLC 的输入端，速度继电器连接至 PLC 的 I0.2 输入点。PLC 输出端直接和交流接触器 KM1、KM2 的线圈相连。

• 电路调试：

① 合上小型断路器 QF1、QF2，按柜体电源启动按钮，启动电源。

② 连接好电脑和 PLC 的传输电缆，将编写好的程序下载到 PLC 中。

③ 按启动按钮 SB1，注意观察按下 SB1 前后电动机和交流接触器 KM1、KM2 的运行情况。

④ 按停止按钮 SB2，注意观察按下 SB2 前后电动机和交流接触器 KM1、KM2 的停止运行情况。

六、PLC控制三相异步电动机往返运行电路

PLC 控制三相异步电动机往返运行电路的主电路和控制电路如图 10-16、图 10-17 所示，PLC 控制梯形图如图 10-18 所示。

• 控制过程：行程开关 SQ1 放在左端需要反向的位置，SQ2 放在右端需要反向的位置。当按下正转按钮 SB2，PLC 输出控制 KM1 通电，电动机做正向旋转并带动工作台左移。当工作台左移至左端并碰到 SQ1 时，将 SQ1 压下，其触点闭合后输入到 PLC，此时，PLC 切断 KM1 交流接触器线圈电路，同时接通反转交流接触器 KM2 线圈电路，此时电动机由正向旋转变为反向

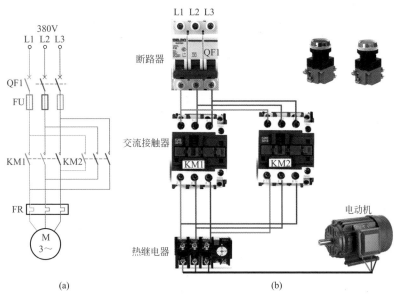

图 10-16　PLC 控制三相异步电动机往返运行电路主电路

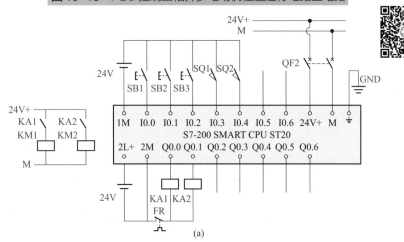

图 10-17　PLC 控制三相异步电动机往返运行电路控制电路

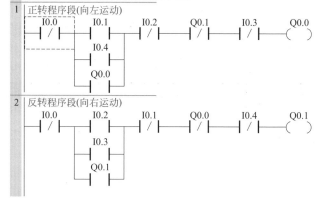

图 10-18　PLC 控制三相异步电动机往返运行电路梯形图

旋转，带动工作台向右移动，直到压下 SQ2 行程开关电动机由反转变为正转，这样驱动运动部件进行往复循环运动。若按下停止按钮 SB1，KM1、KM2 均断电，电机自由运行至停车。

• 输入 / 输出元件及控制功能：根据原理及控制要求，列出PLC I/O 资源分配表（见表 10-6）。

表 10-6　PLC 控制三相异步电动机往返运行 I/O 资源分配表

I/O	序号	位号	符号	说明
输入点	1	I0.0	SB1	停止按钮
	2	I0.1	SB2	正转按钮
	3	I0.2	SB3	反转按钮
	4	I0.3	SQ1	左端行程开关
	5	I0.4	SQ2	右端行程开关
输出点	1	Q0.0	KM1（KA1）	正转控制交流接触器
	2	Q0.1	KM2（KA2）	反转控制交流接触器

• 电路接线：按照图 10-16 和图 10-17 所示正确接线，主电路电源接三极小型断路器输出端，供电电压为 380V，PLC 控制电路电源接二极小型断路器，供电电压为 220V。

接线时，先接主电路，它是从 380V 三相交流电源小型断路器 QF1 的输出端开始（L1、L2、L3 最后接入），经交流接触器的主触点（KM1、KM2 主触点两相反相并接）、热继电器 FR 的热元件到电动机 M 的三个线端 U、V、W 的电路，用导线按顺序串联起来。

主电路连接完整无误后，再连接 PLC 控制电路。控制电路是从 220V 单相交流电源小型断路器 QF2 输出端 L、N 供给PLC 电源，同时 L 亦作为 PLC 输出公共端。常开按钮 SB1、SB2、SB3、SQ1、SQ2 均连至 PLC 的输入端。PLC 输出端直接和交流接触器 KM1、KM2 的线圈 A1、A2 相连。

• 电路调试：

① 合上小型断路器 QF1、QF2，按柜体电源启动按钮，启动电源。

② 连接好电脑和 PLC 的传输电缆，将编写好的程序下载到PLC 中。

③ 按下正转按钮 SB2，注意观察电动机和交流接触器KM1、KM2 的运行情况。

④ 按停止按钮 SB1，对电动机 M 进行停止操作，再按下反转按钮 SB3，此时需要观察电动机和交流接触器 KM1、KM2 的停止运行情况。

第十一章

设备接线

一、浮球液位开关供水系统控制电路

电路原理：用浮球液位开关控制交流接触器线圈，由交流接触器控制潜水泵工作。如图11-1所示。

浮球液位开关接线接到水位低时浮球下降后接通的触点，控制电压由选取的交流接触器线圈工作电压决定接220V或380V。这样当水位低时浮球下降一定高度后触点接通交流接触器，启动水泵工作，水位升高后浮球触点断开交流接触器，自动停止抽水。如图11-2和图11-3所示。

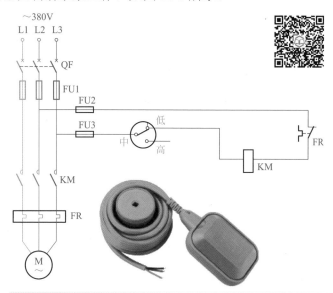

图 11-1 用浮球液位开关控制交流接触器供水系统电路原理图

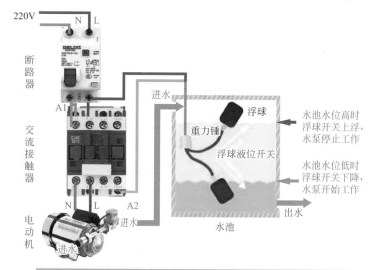

图 11-2 采用220V供电浮球液位开关供水系统原理示意图

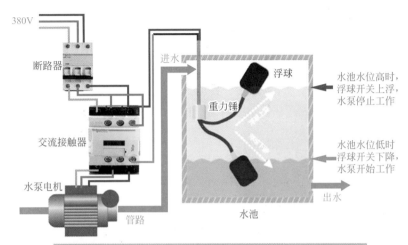

图 11-3 采用 380V 供电浮球液位开关供水系统原理示意图

注意：使用浮球触点时，当浮球在低水位时，触点是接通的状态；当浮球在高水位时，触点是断开的状态。

• 重锤使用方法：如图 11-4 所示，将浮球液位开关的电线从重锤的中心下凹圆孔处穿入后，轻轻推动重锤，使嵌在圆孔上方的塑胶环因电线头的推力而脱落（如果有必要的话，也可用螺丝刀把此塑胶环拆下），再将这个脱落的塑胶环套在电缆上

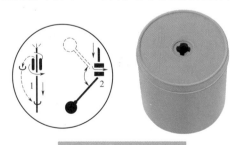

图 11-4 重锤使用方法

你想固定重锤以设定水位的位置。轻轻地推动重锤拉出电缆，直到重锤中心扣住塑胶环。重锤只要轻扣在塑胶环中即不会滑落。

浮球液位开关供水系统配电箱实物接线如图 11-5 所示。

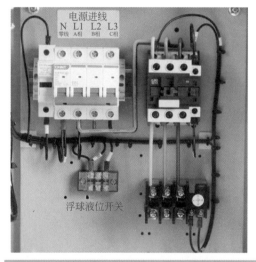

图 11-5 浮球液位开关供水系统配电箱实物接线

二、工厂气泵控制电路

• 电路原理：如图 11-6 所示，闭合自动开关 QF 及开关 S 接通，电源给控制器供电。当气缸内空气压力下降到电接点压力表 G（低点）整定值以下时，表的指针使"中"点与"低"点接通，交流接触器 KM1 通电吸合并自锁，气泵 M 启动运转，红色指示灯 LED1 亮，绿色指示灯 LED2 亮，气泵开始往

气缸里输送空气（逆止阀门打开，空气流入气缸内）。气缸内的空气压力也逐渐增大，使表的"中"点与"高"点接通，继电器 KM2 通电吸合，其常闭触点 KM2-0 断开，切断交流接触器 KM1 线圈供电，KM1 即断电释放，气泵 M 停止运转，LED2 熄灭，逆止阀门闭上。假设喷漆时，手拿喷枪端，则压力开关打开，关闭后气门开关自动闭上；当气泵气缸内的压力下降到整定值以下时，气泵 M 又启动运转。如此周而复始，使气泵气缸内的压力稳定在整定值范围内，满足喷漆用气的需要。

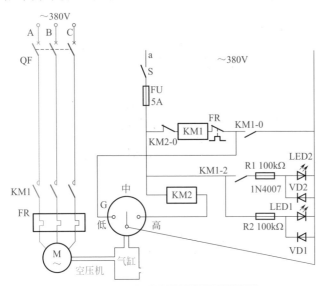

图 11-6　自动压力控制电路原理图

使用气泵磁力启动器气泵接线如图 11-7 所示。
使用空压机配电箱大型空压机接线如图 11-8 所示。

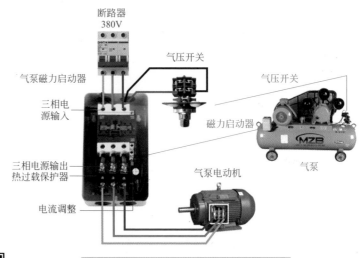

图 11-7　使用气泵磁力启动器气泵接线

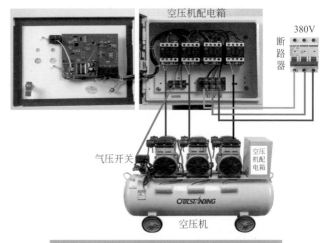

图 11-8　使用空压机配电箱大型空压机接线

三、木工电刨控制电路

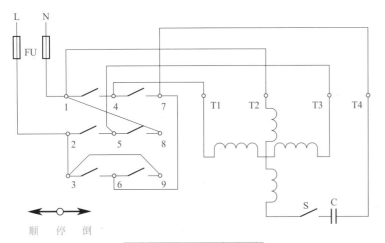

图 11-9　电刨电路原理图

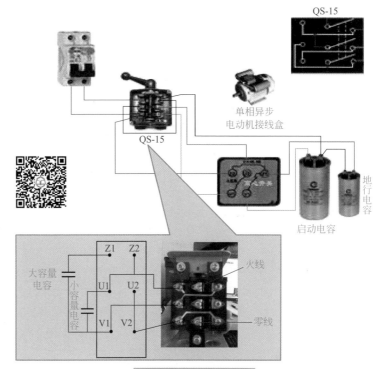

图 11-10　电路接线图

三相倒顺开关一般用于三相电动机正反转控制。电刨上单相电动机正反转控制时，应做如下改动：打开外罩，卸掉胶木盖板，露出 9 个接线端子，该端子分别用 1～9 表示，如图 11-9 所示。接线端子之间原有三根连接线，我们把交叉连接的一根（2、7 之间）拆掉，另两根保留，再按照图 11-9 所示在端子 2 和 3 之间、6 和 7 之间各连接一根导线。至此，倒顺开关内部连接完毕。再把电动机工作线圈的两个端头 T1、T3 分别接到端子 4、5 上，启动回路的两个端头 T2、T4 接到端子 1、7 上，最后在倒顺开关的 1、2 端子上接入 220V 交流电源（1 端子接零线，2 端子接火线），电刨便能够很方便地进行倒转、正转和停车操作了。电路接线如图 11-10 所示。

调试与检修：当电刨不能够运转时，用万用表检测开关的输入端是否有电压，如有则用万用表检测转换开关的输出电压。如果转换开关的输出端没有电压，直接检查输入开关是否毁坏，一般拆开转换开关，可直接观察各触点是否毁坏。如果转换开关有输出电压，故障主要集中在电动机，用万用表检测电动机的绕组是否毁坏，检查主绕组的阻值，如果主绕组断了，说明电动机毁坏。

当电动机接通电源后，有"嗡嗡"声，但是不能启动，主要查看启动电容、内部的离心开关和启动线圈，如果这些都正常，电动机就可以正常启动，不正常应更换，更换电容时应该注意电容相对容量和耐压均应用原规格的代用。

四、单相电动葫芦电路

① 图 11-11 为电容启动式电动葫芦接线图，用于小功率电动葫芦电路，启动电容约为 150 ~ 200μF/kW。

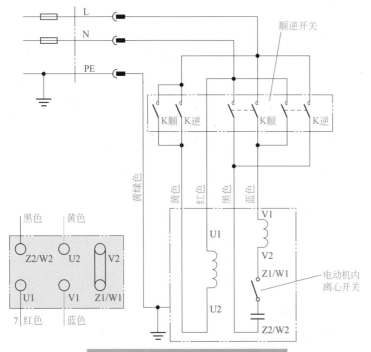

图 11-11 电容启动式电动葫芦接线图

设正转为上升过程，则按动 K 顺，电源通路为 L—K 顺—U2—U1—N 主绕组通电，此时辅助绕组电源由 L—K 顺—V1—V2—Z1—电容—Z2—N 形成通路。设反转为下降过程，则按动 K 逆，电源通路为 L—K 逆—U2—U1—N 主绕组通电，此时辅助绕组电源由 L—K 逆—Z2—电容—Z1—V2—V1—N 形成通路。

② 图 11-12 为电容运行式吊机控制电路接线图，基本工作原理与上述相同，只是电动机内部无离心开关控制，电容容量小一些，约为 30 ~ 40μF/kW。

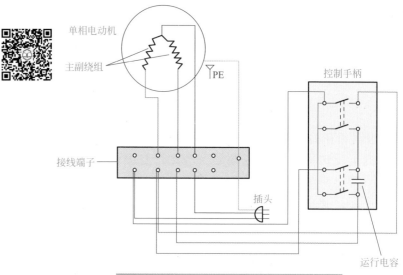

图 11-12 电容运行式吊机控制电路接线图

③ 图 11-13 为双电容启动运行式，电路接线就是上面两个电路的组合。

单相电动葫芦维修：

① 首先用万用表测电阻，从电动葫芦电动机里出来的三根线，有一根是公共端进线，另外两根是绕组的进线。一般主副两绕组进线和公共端进线的电阻是一样大的。电动机至少是 4 线或 6 线的，多为电容启动或电容运行的，测阻值一样大的不分主副绕组，不一样的分主副绕组。

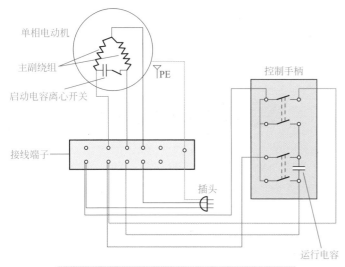

图 11-13　双电容启动运行式电动葫芦接线图

② 电动葫芦接线主要是葫芦主体和手柄的操作，一般情况下，操作手柄上设有四、五或六个按钮开关，分别是红、绿和四个方向键，葫芦上有接线端子排，也就是用于连接葫芦主体与手柄的地方，根据线所对应的颜色，进行接线即可。如图 11-14 所示为五键手柄。

③ 注意事项

a. 新安装或经拆检后安装的电动葫芦，应进行空车试运转数次。未安装完毕前，切忌通电试转。

b. 电动葫芦使用中，绝对禁止在不允许的环境下，以及超过额定负荷和每小时额定合闸次数（120 次）情况下使用。

图 11-14　五键手柄

c. 不允许同时按动两个使电动葫芦按相反方向运动的手电门按钮开关。

d. 电动葫芦应由专人操纵，操纵者应充分掌握安全操作规程，严禁歪拉斜吊。

e. 工作完毕后必须把电源的总闸拉开，切断电源。

f. 电动葫芦不工作时，不允许将重物悬挂在空中，以防止零部件产生永久变形。

g. 电动葫芦使用完毕后，应停在指定的安全地方。室外应设防雨罩。

图 11-15 为大功率单相电动葫芦电路，用交流接触器控制

大功率电动机工作。接线时手柄电路用交流接触器触点代替，顺逆开关直接控制交流接触器线圈即可，在接线时两个交流接触器可以接成互锁控制电路。

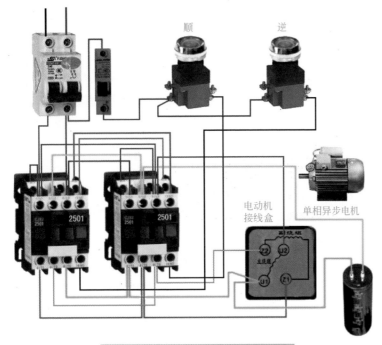

图11-15 大功率单相电动葫芦电路

调试与检修：这是用交流接触器控制的电动葫芦电路，属于大功率单相电动机的正反转控制电路，它是利用交流接触器控制电动机的接线，实现了正反转控制。同样在检修时，首先断开总开关，用万用表欧姆挡检测熔断器是否熔断，按动按钮开关测量两点的接线点是否有接通的现

象，接通为好，不接通为坏。同样用万用表检测交流接触器的输入、输出点电阻时，应有接通现象，如没有接通现象，说明交流接触器的触点接触不良，检查交流接触器线圈是否毁坏。一般用万用表检修时，直接测量交流接触器线圈两端电阻值，应该有电阻值，如不通为线圈毁坏，如阻值为0是内部短路，应该更换交流接触器。当交流接触器完好时，可用万用表检测电动机的接线柱，判断电动机的线圈是否有开路或短路故障。当线圈阻值正常，可检测电容是否有充放电的现象，电容可以直接用代换法试验。

五、三相电动葫芦电路

电动葫芦是一种起重量较小、结构简单的起重设备，它由提升机构和移动机构（行车）两部分组成，由两台笼型电动机拖动。其中，M1是用来提升货物的，采用电磁抱闸制动，由接触器KM1、KM2进行正反转控制，实现吊钩的升降；M2是带动电动葫芦做水平移动的，由接触器KM3、KM4进行正反转控制，实现左右水平移动。控制电路有四条，两条为升降控制，两条为移动控制。控制按钮SB1、SB2、SB3、SB4系悬挂式复合按钮，SA1、SA2、SA3是行程开关，用于提升和移动的终端保护。电路的工作原理与电动机正反转限位控制电路基本相同，其电气原理如图11-16所示。

带安全电压变压器的电动葫芦电路原理图如图11-17所示。布线图如图11-18所示。实物如图11-19所示，只有上下运动的为两个交流接触器，带左右运动的为四个交流接触器，电路相同。一般，起重电动机功率大，交流接触器容量也大。

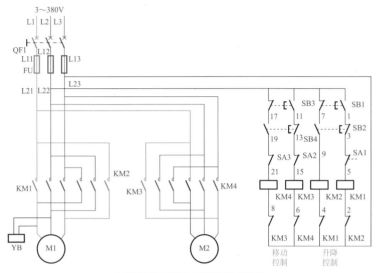

图 11-16 电动葫芦原理图

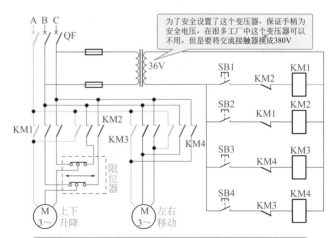

图 11-17 带安全电压变压器的电动葫芦电路原理图

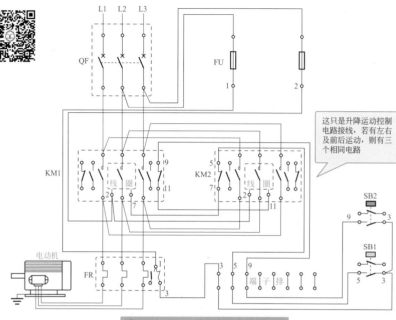

图 11-18 电动葫芦电路布线图

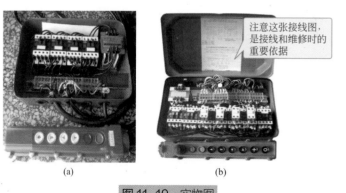

(a)　　　　(b)

图 11-19 实物图

155

调试与检修：实际三相电动葫芦电路是电动机的正反转控制，两个电动机电路中就有两个正反转控制电路，检修的方法是一样的。假如升降电动机不能够正常工作，首先用万用表检测 KM1、KM2 的触点、线圈是否毁坏。如果 KM1、KM2 触点与线圈没有毁坏，检查接通、断开的按钮开关 SB1、SB2 是否有毁坏现象，相应的开关是否毁坏。当元器件都没有毁坏现象，电动机仍然不转，可以用万用表的电压挡测量输入电压是否正常，也就是主电路的输入电压是否正常，控制电路的输入电压是否正常。当输入、输出电压不正常时，比如检测到 SB2 输入电压正常，输出不正常，则是 SB2 接触不良或损坏。当输入、输出电压正常时，就要检查电动机是否毁坏，如果电动机毁坏就要维修或更换电动机。

六、塔式起重机电路

TQ60/80 快速拆装式塔式起重机控制电路如图 11-20 所示。其中电源进线处为集电环，快速拆装式塔式起重机为下回转，电源不能用导线直接接入，采用滑动连接，在回转部位装有集电环。M 为起重电动机（绕线式电动机），用凸轮控制器 QM 进行启动和调速控制。YB1 是起升制动器，当 M 断电时 YB1 的闸瓦将起升电动机刹紧；M1 是行走电动机，正反转用交流接触器 K1 和 K2 控制；M2 是回转电动机，正反转用 K3 和 K4 控制；M3 是变幅电动机，正反转用 K5 和 K6 控制，变幅电动机上装有制动器 YB2 进行制动，变幅动作为点动，向上抬时有幅度限制开关 SL2，超过上抬幅度时自动停止。三台电动机控制电路中均为交流接触器联锁。在电动机 M1 的控制电路中有行程开

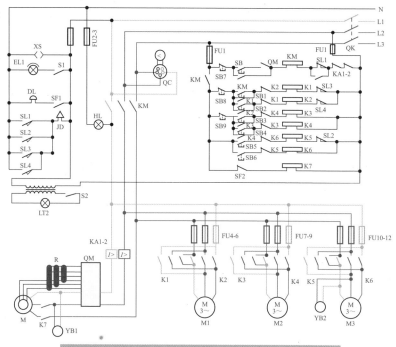

图 11-20　TQ60/80 快速拆装式塔式起重机控制电路

关 SL3 和 SL4，分别装在轨道的两个尽头，当起重机行走到轨道尽头时，行程开关动作，自动停止行走。

S1 是聚光灯开关，是场地照明用开关；S2 是工作灯开关，是司机室照明灯开关；SF1 是电铃脚踏开关，当起重机有动作时都要打铃警告下面的人注意；JD 是警笛，在司机室内，起升、变幅、行走到极限位置，警笛都要响，警告驾驶员；SF2 是起升停止脚踏开关，踏下 SF2，K7 断电，制动器 YB1 动作刹住主电动机；QC 是电压表转换开关。

电路用熔断器作短路保护，主电动机用过电流继电器 KA
作过载保护。

七、大型天车及行车的遥控控制电路

一般大型电动葫芦（包括行车）均具有前进、后退、左行、
右行、上升和下降 6 种控制方式，通过各种复杂的联锁进行控
制。其缺点是人必须靠近操作，安全性较差。电动葫芦遥控控
制电路多采用红外遥控方式，遥控距离（或高度）为 8m 以上，
使用安全、方便，可满足危险场所对吊装装置的特殊要求。

• 工作原理：该遥控电动葫芦控制电路由红外发射电路
和红外接收控制电路两部分组成。行车发射及接收器外形如
图 11-21 所示。

图 11-21　行车发射及接收器外形

红外发射电路由红外发射编码集成电路 IC1 和外围元器
件组成，如图 11-22 所示。控制按钮开关 S1～S4、二极管

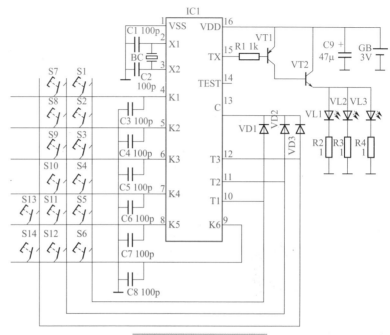

图 11-22　红外发射电路

VD1～VD3、电容器 C3～C8 和 IC1 的 4～13 引脚内电路组
成键控输入电路；电容器 C1 与 C2、石英晶振 BC 和 IC1 的 2、
3 引脚内电路组成振荡电路；电阻器 R1～R4、晶体管 VT1 与
VT2、红外发光二极管 VL1～VL3 和 IC1 的 15 引脚内电路组
成红外驱动电路。

红外接收控制电路由红外接收放大电路、解码电路、触发
器控制电路和控制执行电路组成，如图 11-23 所示。红外接收放
大电路由电阻器 R5～R8、电容器 C10～C13、红外信号处理

集成电路 IC2、红外接收二极管 VD4 和晶体管 VT3 组成。解码电路由 IC3、电容器 C14 ～ C17、电阻器 R9 与 R10 和晶体管 VT4、VT5 组成。

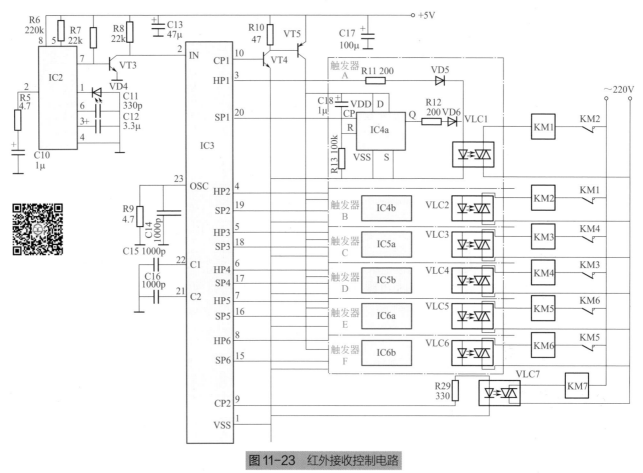

图 11-23　红外接收控制电路

触发器控制电路由双 D 触发器集成电路 IC4 ～ IC6、电阻器 R11 ～ R28、电容器 C18 ～ C23、二极管 VD5 ～ VD16 和光耦合器 VLC1 ～ VLC6 内部的发光二极管组成。电路中 IC4b ～ IC6b、C19 ～ C23、R14 ～ R28 和 VD7 ～ VD16 同 IC4a 电路。

控制执行电路由光耦合器 VLC1 ～ VLC7、交流接触器 KM1 ～ KM7 和电阻器 R29 组成。

VD4 接收到 VL1 ～ VL3 发射的红外光信号，并将其转换成电脉冲信号。此电脉冲信号经 IC2 解调、放大处理及 VT3 反相放大后加至 IC3 的 2 引脚，经 IC3 比较及解码处理后输出控制电平，使相应的触发器翻转，通过相应的交流接触器来控制电动葫芦，完成相应的动作。

按动一下 S1 ～ S14 中某按钮开关时，IC1 内部电路将该按钮开关产生的遥控指令信号进行编码后调制为 38kHz 脉冲信号，该脉冲信号经 VT1 和 VT2 放大后，驱动 VL1 ～ VL3 发射出红外光。

S1 ～ S6 用作点动控制，S7 ～ S12 用于连续动作控制，S13 为点动 / 连续动作方式选择控制，S14 为电动机总电源开关控制。按一下 S1 时，IC2 的 3 引脚输出单脉冲控制信号，使 VLC1 内部的发光二极管间歇点亮，光控晶闸管间歇导通，KM1 间歇通电吸合，电动葫芦向前点动运行。分别按一下 S2、S3、S4、S5 和 S6 时，IC2 的 4 引脚、5 引脚、6 引脚、7 引脚和 8 引脚将分别输出单脉冲控制信号，分别通过 VLC2 ～ VLC6 使 KM2 ～ KM6 间歇工作，控制电动葫芦分别完成向后、向左、向右、上升和下降的点动运行。

当按动一下按钮开关 S7 时，IC3 的 20 引脚将输出连续控制脉冲信号，通过触发器 A（由 IC4a 和外围元器件组成）使 VLC1 内部的发光二极管点亮，光控晶闸管导通，KM1 通电吸合，控制电动葫芦连续向前运行。分别按 S8、S9、S10、S11 和 S12 时，IC3 的 19 引脚、18 引脚、17 引脚、16 引脚和 15 引脚将分别输出控制信号，分别通过触发器 B 至触发器 F 使 VLC2、VLC3、VLC4、VLC5 和 VLC6 导通工作，KM2 ～ KM6 分别通电吸合，控制电动葫芦分别完成向后、向左、向右、上升和下降的连续运行。

按动一下 S13，IC3 的 10 引脚输出低电平，使 VT4 和 VT5 导通，IC4 ～ IC6 通电工作，此时电路可进行连续运行控制；再按一下 S13，IC3 的 10 引脚输出高电平，使 VT4 和 VT5 截止，IC4 ～ IC6 停止工作，此时电路只能进行点动运行控制。

按动一下 S14，IC3 的 9 引脚输出高电平，使 VLC7 内部的发光二极管点亮，光控晶闸管导通，KM7 通电吸合，电动葫芦驱动电动机，总电源被接通，可进行各种控制操作；再按一下 S14 时，IC3 的 9 引脚输出低电平，使 VLC7 内部的发光二极管熄灭，光控晶闸管截止，KM7 释放，电动机的总电源被切断。

- 遥控控制电路的检修：在检修电路时，首先检测供电部分，正常后按压遥控器，测试集成电路 IC3 输入引脚 2 电压。若没有变化则检查 IC2 周围电路，并代换 IC2 试验；若有电压变化，则检查输出引脚电压。在确定遥控器是好的时，如控制块无电压输出则为接口集成电路 IC3 及外围元件故障，有输出则为接口集成电路 IC4 ～ IC6 及驱动 VLC 管或交流接触器线圈故障。

参考文献

[1] 王延才. 变频器原理及应用. 北京；机械工业出版社，2011.

[2] 徐海，施利春. 变频器原理及应用. 北京：清华大学出版社，2010.

[3] 李方圆. 变频器控制技术. 北京：电子工业出版社，2010.

[4] 徐第，孙俊英，孙印东. 安装电工基本技术. 北京：金盾出版社，2001.

[5] 白公，苏秀龙. 电工入门. 北京：机械工业出版社，2005.

[6] 王勇. 家装预算我知道. 北京：机械工业出版社，2008.

[7] 张伯龙. 从零开始学低压电工技术. 北京：国防工业出版社，2010.

[8] 王兰君，张景皓. 看图学电工技能. 北京：人民邮电出版社，2004.

[9] 祝慧芳. 脉冲与数字电路. 成都：电子科技大学出版社，1995.

[10] 蒋新华. 维修电工. 沈阳：辽宁科学技术出版社，2000.

[11] 曹振华. 实用电工技术基础教程. 北京：国防工业出版社，2008.

[12] 曹祥. 工业维修电工通用教材. 北京：中国电力出版社，2008.

[13] 孙华山. 电工作业. 北京：中国三峡出版社，2005.

[14] 曹祥. 智能楼宇弱电工通用培训教材. 北京：中国电力出版社，2008.

[15] 孙艳. 电子测量技术实用教程，北京：国防工业出版社，2010.

[16] 张冰. 电子线路. 北京：中华工商联合出版社，2006.

[17] 杜虎林. 用万用表检测电子元器件. 沈阳；辽宁科学技术出版社，1998.

[18] 王永军. 数字逻辑与数字系统. 北京：电子工业出版社，2000.